物理演示实验

张自力　董爱国 ◎ 主编

清华大学出版社
北京

内 容 简 介

本教材的 114 个演示项目是我校演示物理实验室经过 20 多年建设筛选出来的,主要作为辅助大学物理课程学习以及科普基地对外开放的辅助教材,以提高学生的科学文化素养。全书内容分为课堂演示实验、实验室演示实验、趣味物理实验三部分。课堂演示实验、实验室演示实验部分有 78 个演示实验项目,对每个实验项目分别按照演示现象、演示装置、原理及现象分析、讨论与思考几个方面进行了介绍。趣味物理实验部分列了 36 个演示项目,每个演示项目按演示现象和现象分析两部分进行了介绍。本书可作为大学生和中学生学习物理的辅助教材,也可作为物理科学知识普及的参考书。

版权所有,侵权必究。举报: 010-62782989,beiqinquan@tup.tsinghua.edu.cn。

图书在版编目(CIP)数据

物理演示实验/张自力,董爱国主编.—北京:清华大学出版社,2021.11
ISBN 978-7-302-59404-8

Ⅰ.①物… Ⅱ.①张… ②董… Ⅲ.①物理学－实验－教材 Ⅳ.①O4-33

中国版本图书馆 CIP 数据核字(2021)第 212826 号

责任编辑: 佟丽霞　陈凯仁
封面设计: 傅瑞学
责任校对: 王淑云
责任印制: 朱雨萌

出版发行: 清华大学出版社
网　　址: http://www.tup.com.cn, http://www.wqbook.com
地　　址: 北京清华大学学研大厦 A 座　　邮　编: 100084
社 总 机: 010-62770175　　邮　购: 010-62786544
投稿与读者服务: 010-62776969, c-service@tup.tsinghua.edu.cn
质量反馈: 010-62772015, zhiliang@tup.tsinghua.edu.cn
印 装 者: 天津安泰印刷有限公司
经　　销: 全国新华书店
开　　本: 185mm×260mm　　印　张: 5.5　　字　数: 129 千字
版　　次: 2021 年 11 月第 1 版　　印　次: 2021 年 11 月第 1 次印刷
定　　价: 30.00 元

产品编号: 086382-01

前言 Preface

物理学是以实验为基础的一门学科,它来源于人类实践也应用于人类实践,在培养人们的科学素养上具有不可替代的作用。演示实验中丰富多彩的物理现象具有直观生动性,可以消除学生在学习物理学中因抽象、枯燥而产生的畏难、厌烦的心理,帮助学生理解抽象的物理概念,激发学生学习物理学的兴趣。物理演示实验弥补了物理课程教学普遍存在的内容多、学时少的不足,使有限的课时容纳更多的信息,使讲授内容具有真实感、实在感,更富于启发性,从而能够激发学生的探索热情,培养学生的科学素养以及创新意识。

本教材是为了适应大学物理教学、大学物理实验、文科物理课程教学以及科普基地对外开放需要,结合中国地质大学(北京)物理演示实验室20多年的建设而编写的一本实验教材,它具有如下几个特点:

(1) 本书由课堂演示实验、实验室演示实验及趣味物理实验三部分组成。课堂演示实验和实验室演示实验部分的演示项目按照演示现象、演示装置、原理及现象分析、讨论与思考等几个方面进行编写,并针对有些演示实验指出了其可以进行拓展应用的领域和问题。趣味物理实验部分演示项目按照演示现象和现象分析两方面进行编写。此种编写方式大大方便了不同课程和不同人群的使用。

(2) 在演示现象、原理及现象分析部分的编写中,尽量用简明扼要的物理语言描述,少用数学公式,从而便于物理知识的普及。讨论与思考、拓展应用部分强调把物理知识的应用引向更深处,进而拓宽读者的视野,更利于读者对物理知识的了解和掌握。

(3) 本书第3章趣味物理实验大多数来源于生活。虽然演示实验内容简单,但其背后的物理概念和知识点清晰、明确,演示的效果往往具有"魔术"表演般的效果,非常适合普及物理知识和传播科学思想。

参与本书编写的还有邢杰、高禄、黄昊翀、刘昊、赵长春、郑志远等几位老师。刘志远、朱婧、曹志青等多位同学绘制了部分插图。本书在编写过程中得到了许多师生的帮助,在此对为本书编写做出贡献的师生表示感谢。本书参阅了清华大学、北京交通大学等院校的教材,借此对这些教材的编者一并致以诚挚的谢意。

编 者

2021年2月

目录
Contents

第1章 课堂演示实验 ··· 1

    实验 1.1   物体的惯性 ·· 1

    实验 1.2   最速降线 ·· 1

    实验 1.3   神奇的静摩擦力 ··· 2

    实验 1.4   等质量五连摆 ·· 3

    实验 1.5   不等质量三连摆 ··· 4

    实验 1.6   麦克斯韦摆轮(滚摆) ·· 4

    实验 1.7   陀螺仪 ·· 5

    实验 1.8   车轮进动 ·· 6

    实验 1.9   角动量守恒(茹科夫斯基转椅) ························· 6

    实验 1.10 音叉 ·· 7

    实验 1.11 蛇形摆 ·· 8

    实验 1.12 纵横波演示仪 ·· 9

    实验 1.13 线形驻波和环形驻波 ······································ 10

    实验 1.14 激光李萨如图形 ·· 11

    实验 1.15 多普勒效应 ·· 12

    实验 1.16 静电除尘 ·· 12

    实验 1.17 电风转筒 ·· 13

    实验 1.18 电轮 ·· 14

    实验 1.19 电风吹烛 ·· 14

    实验 1.20 静电跳球 ·· 15

    实验 1.21 电介质极化 ·· 15

    实验 1.22 涡电流演示 ·· 16

    实验 1.23 热磁轮 ·· 16

    实验 1.24 磁阻尼摆 ·· 17

    实验 1.25 楞次定律演示(磁跳环) ································ 18

    实验 1.26 安培力演示 ·· 18

    实验 1.27 麦克斯韦速率分布率 ···································· 19

    实验 1.28 压强的统计意义 ·· 20

    实验 1.29 玻耳兹曼速率分布率 ···································· 21

实验 1.30　伽尔顿板 ⋯⋯⋯⋯⋯⋯⋯⋯⋯⋯⋯⋯⋯⋯⋯⋯⋯⋯⋯⋯⋯⋯⋯⋯⋯⋯⋯⋯⋯ 21
实验 1.31　斯特林热气机 ⋯⋯⋯⋯⋯⋯⋯⋯⋯⋯⋯⋯⋯⋯⋯⋯⋯⋯⋯⋯⋯⋯⋯⋯⋯⋯ 22
实验 1.32　单缝衍射 ⋯⋯⋯⋯⋯⋯⋯⋯⋯⋯⋯⋯⋯⋯⋯⋯⋯⋯⋯⋯⋯⋯⋯⋯⋯⋯⋯⋯ 23
实验 1.33　一维、二维光栅衍射 ⋯⋯⋯⋯⋯⋯⋯⋯⋯⋯⋯⋯⋯⋯⋯⋯⋯⋯⋯⋯⋯⋯⋯ 23
实验 1.34　偏振片的起偏和检偏 ⋯⋯⋯⋯⋯⋯⋯⋯⋯⋯⋯⋯⋯⋯⋯⋯⋯⋯⋯⋯⋯⋯⋯ 24
实验 1.35　反射光、折射光的偏振 ⋯⋯⋯⋯⋯⋯⋯⋯⋯⋯⋯⋯⋯⋯⋯⋯⋯⋯⋯⋯⋯⋯ 25

第 2 章　实验室演示实验 ⋯⋯⋯⋯⋯⋯⋯⋯⋯⋯⋯⋯⋯⋯⋯⋯⋯⋯⋯⋯⋯⋯⋯⋯⋯⋯⋯ 27

实验 2.1　科里奥利力 ⋯⋯⋯⋯⋯⋯⋯⋯⋯⋯⋯⋯⋯⋯⋯⋯⋯⋯⋯⋯⋯⋯⋯⋯⋯⋯⋯ 27
实验 2.2　傅科摆 ⋯⋯⋯⋯⋯⋯⋯⋯⋯⋯⋯⋯⋯⋯⋯⋯⋯⋯⋯⋯⋯⋯⋯⋯⋯⋯⋯⋯⋯ 27
实验 2.3　逆风行舟 ⋯⋯⋯⋯⋯⋯⋯⋯⋯⋯⋯⋯⋯⋯⋯⋯⋯⋯⋯⋯⋯⋯⋯⋯⋯⋯⋯⋯ 28
实验 2.4　锥体自由上滚 ⋯⋯⋯⋯⋯⋯⋯⋯⋯⋯⋯⋯⋯⋯⋯⋯⋯⋯⋯⋯⋯⋯⋯⋯⋯⋯ 29
实验 2.5　角动量守恒 ⋯⋯⋯⋯⋯⋯⋯⋯⋯⋯⋯⋯⋯⋯⋯⋯⋯⋯⋯⋯⋯⋯⋯⋯⋯⋯⋯ 29
实验 2.6　伯努利悬浮器 ⋯⋯⋯⋯⋯⋯⋯⋯⋯⋯⋯⋯⋯⋯⋯⋯⋯⋯⋯⋯⋯⋯⋯⋯⋯⋯ 30
实验 2.7　载流导线弦驻波 ⋯⋯⋯⋯⋯⋯⋯⋯⋯⋯⋯⋯⋯⋯⋯⋯⋯⋯⋯⋯⋯⋯⋯⋯⋯ 30
实验 2.8　昆特管 ⋯⋯⋯⋯⋯⋯⋯⋯⋯⋯⋯⋯⋯⋯⋯⋯⋯⋯⋯⋯⋯⋯⋯⋯⋯⋯⋯⋯⋯ 31
实验 2.9　声悬浮 ⋯⋯⋯⋯⋯⋯⋯⋯⋯⋯⋯⋯⋯⋯⋯⋯⋯⋯⋯⋯⋯⋯⋯⋯⋯⋯⋯⋯⋯ 32
实验 2.10　弹簧片的受迫振动与共振 ⋯⋯⋯⋯⋯⋯⋯⋯⋯⋯⋯⋯⋯⋯⋯⋯⋯⋯⋯⋯ 32
实验 2.11　磁单摆混沌实验 ⋯⋯⋯⋯⋯⋯⋯⋯⋯⋯⋯⋯⋯⋯⋯⋯⋯⋯⋯⋯⋯⋯⋯⋯ 33
实验 2.12　静电摆球 ⋯⋯⋯⋯⋯⋯⋯⋯⋯⋯⋯⋯⋯⋯⋯⋯⋯⋯⋯⋯⋯⋯⋯⋯⋯⋯⋯ 34
实验 2.13　手触式蓄电池 ⋯⋯⋯⋯⋯⋯⋯⋯⋯⋯⋯⋯⋯⋯⋯⋯⋯⋯⋯⋯⋯⋯⋯⋯⋯ 35
实验 2.14　滴水自激感应起电 ⋯⋯⋯⋯⋯⋯⋯⋯⋯⋯⋯⋯⋯⋯⋯⋯⋯⋯⋯⋯⋯⋯⋯ 35
实验 2.15　静电场中的导体 ⋯⋯⋯⋯⋯⋯⋯⋯⋯⋯⋯⋯⋯⋯⋯⋯⋯⋯⋯⋯⋯⋯⋯⋯ 36
实验 2.16　怒发冲冠 ⋯⋯⋯⋯⋯⋯⋯⋯⋯⋯⋯⋯⋯⋯⋯⋯⋯⋯⋯⋯⋯⋯⋯⋯⋯⋯⋯ 36
实验 2.17　高压带电作业 ⋯⋯⋯⋯⋯⋯⋯⋯⋯⋯⋯⋯⋯⋯⋯⋯⋯⋯⋯⋯⋯⋯⋯⋯⋯ 37
实验 2.18　涡电流的热效应 ⋯⋯⋯⋯⋯⋯⋯⋯⋯⋯⋯⋯⋯⋯⋯⋯⋯⋯⋯⋯⋯⋯⋯⋯ 37
实验 2.19　热电偶 ⋯⋯⋯⋯⋯⋯⋯⋯⋯⋯⋯⋯⋯⋯⋯⋯⋯⋯⋯⋯⋯⋯⋯⋯⋯⋯⋯⋯ 38
实验 2.20　磁致伸缩 ⋯⋯⋯⋯⋯⋯⋯⋯⋯⋯⋯⋯⋯⋯⋯⋯⋯⋯⋯⋯⋯⋯⋯⋯⋯⋯⋯ 38
实验 2.21　电磁波发射、接收与趋肤效应 ⋯⋯⋯⋯⋯⋯⋯⋯⋯⋯⋯⋯⋯⋯⋯⋯⋯⋯ 39
实验 2.22　电磁炮 ⋯⋯⋯⋯⋯⋯⋯⋯⋯⋯⋯⋯⋯⋯⋯⋯⋯⋯⋯⋯⋯⋯⋯⋯⋯⋯⋯⋯ 40
实验 2.23　能量转换 ⋯⋯⋯⋯⋯⋯⋯⋯⋯⋯⋯⋯⋯⋯⋯⋯⋯⋯⋯⋯⋯⋯⋯⋯⋯⋯⋯ 40
实验 2.24　雅格布天梯 ⋯⋯⋯⋯⋯⋯⋯⋯⋯⋯⋯⋯⋯⋯⋯⋯⋯⋯⋯⋯⋯⋯⋯⋯⋯⋯ 41
实验 2.25　范德格拉夫起电机 ⋯⋯⋯⋯⋯⋯⋯⋯⋯⋯⋯⋯⋯⋯⋯⋯⋯⋯⋯⋯⋯⋯⋯ 42
实验 2.26　超导磁悬浮 ⋯⋯⋯⋯⋯⋯⋯⋯⋯⋯⋯⋯⋯⋯⋯⋯⋯⋯⋯⋯⋯⋯⋯⋯⋯⋯ 43
实验 2.27　热力学第二定律演示(克劳修斯表述) ⋯⋯⋯⋯⋯⋯⋯⋯⋯⋯⋯⋯⋯⋯⋯ 43
实验 2.28　热力学第二定律演示(开尔文表述) ⋯⋯⋯⋯⋯⋯⋯⋯⋯⋯⋯⋯⋯⋯⋯⋯ 44
实验 2.29　记忆合金水车 ⋯⋯⋯⋯⋯⋯⋯⋯⋯⋯⋯⋯⋯⋯⋯⋯⋯⋯⋯⋯⋯⋯⋯⋯⋯ 45
实验 2.30　不同尺寸的单缝、单丝、圆孔及圆斑衍射 ⋯⋯⋯⋯⋯⋯⋯⋯⋯⋯⋯⋯⋯ 45
实验 2.31　双折射现象与双折射的偏振 ⋯⋯⋯⋯⋯⋯⋯⋯⋯⋯⋯⋯⋯⋯⋯⋯⋯⋯⋯ 46

实验 2.32　光测弹性(人工双折射) ·· 47
实验 2.33　偏振光干涉 ··· 47
实验 2.34　看得见的声波 ·· 48
实验 2.35　视觉暂留 ·· 48
实验 2.36　普氏摆 ·· 49
实验 2.37　磁光调制 ·· 50
实验 2.38　海市蜃楼 ·· 50
实验 2.39　旋光色散 ·· 52
实验 2.40　等厚干涉磁致伸缩 ·· 53
实验 2.41　菲涅耳透镜 ··· 54
实验 2.42　台式皂膜 ·· 55
实验 2.43　激光监听 ·· 55

第 3 章　趣味物理实验 ·· 57

实验 3.1　恐怖的铅球 ·· 57
实验 3.2　不碎的鸡蛋 ·· 57
实验 3.3　反转魔石 ·· 58
实验 3.4　能竖立旋转的鸡蛋 ·· 58
实验 3.5　内摩擦力 ·· 59
实验 3.6　沙子的内摩擦 ·· 59
实验 3.7　物体的打击中心 ··· 60
实验 3.8　大气的压强 ·· 60
实验 3.9　帕斯卡破桶实验的模拟 ·· 61
实验 3.10　听话的悬浮小瓶 ··· 61
实验 3.11　非牛顿流体 ··· 62
实验 3.12　液体表面张力 ·· 62
实验 3.13　鱼洗 ·· 63
实验 3.14　空气炮 ··· 63
实验 3.15　变音钟 ··· 64
实验 3.16　辉光盘 ··· 64
实验 3.17　辉光球 ··· 65
实验 3.18　变色珠子 ·· 65
实验 3.19　饮水鸟 ··· 66
实验 3.20　光压风车 ·· 66
实验 3.21　记忆合金 ·· 67
实验 3.22　光学幻影 ·· 67
实验 3.23　视错觉 ··· 67
实验 3.24　分形艺术 ·· 68
实验 3.25　无源之水 ·· 68

实验 3.26　窥视无穷 …………………………………………………………… 69
实验 3.27　梦幻点阵 …………………………………………………………… 69
实验 3.28　透射光栅变换画 …………………………………………………… 69
实验 3.29　反射光栅立体画 …………………………………………………… 70
实验 3.30　互补色图像 ………………………………………………………… 71
实验 3.31　地球仪的常温磁悬浮 ……………………………………………… 71
实验 3.32　激光琴 ……………………………………………………………… 71
实验 3.33　无皮鼓 ……………………………………………………………… 72
实验 3.34　投币不见 …………………………………………………………… 72
实验 3.35　与自己握手 ………………………………………………………… 72
实验 3.36　悬空的人 …………………………………………………………… 73

附录 A　摆线等时性的证明 ……………………………………………………… 74

附录 B　滚摆的能量关系 ………………………………………………………… 76

第 1 章

课堂演示实验

实验 1.1　物体的惯性

【演示现象】

在一根上端固定的棉线下面挂着一个重物,并在重物下面挂着一根同样材质的棉线。当快速向下拉棉线时,发现下面的棉线先断;当缓慢向下拉棉线,发现上面那根棉线先断。

【演示装置】

物体的惯性演示装置(包括重木块、棉线、支架),如图 1.1 所示。

【原理及现象分析】

当缓慢向下拉棉线时,由于上面一根棉线的受力始终大于下面那根棉线,所以上面那根棉线先断。而当快速向下拉棉线时,下面的那根棉线先被拉断。这是因为快速向下拉棉线虽然会导致物体所受的作用力很大,可拉断下面棉线作用时间极短,因此物体所受外力的冲量极小,趋于零。根据动量定理可知,物体的动量改变为零,则物体保持原有状态不变,上面的棉线尚未感受到这个瞬间的拉力,因此下面的棉线先被拉断。

图 1.1　物体的惯性演示装置

【讨论与思考】

1. 你看过的杂技表演中有哪些与此演示原理一样?
2. 如何理解系统内力远大于外力时,系统动量近似守恒?
3. 讨论易碎品的包装、防护问题。

【备注】

拉棉线时需要小心,以防止木块砸伤手。

实验 1.2　最速降线

【演示现象】

将两个等质量的小球分别在最速降线演示仪的弯轨道和直轨道的同一高度处同时释

放,忽略斜面摩擦,此时可以发现沿弯轨道运动的小球先到达底部位置。此外,将小球分别在弯轨道的不同高度处释放并测量它们到达底部所需的时间,可以发现小球滚落到底部所需的时间相同。

【演示装置】

最速降线演示仪(图 1.2),小球。

【原理及现象分析】

半径为 r 的初始圆与 x 轴相切于原点,并沿着 x 轴向右滚动一周,则初始圆上的切点在滚动过程中所形成的轨迹称为旋轮线,如图 1.3 所示,其参数方程为

$$\begin{cases} x = r(\theta - \sin\theta), \\ y = r(1 - \cos\theta), \end{cases} \quad 0 \leqslant \theta \leqslant 2\pi$$

图 1.2 最速降线演示仪

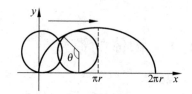

图 1.3 旋轮线

由于沿着旋轮线轨道小球下降最快,因此旋轮线也被称为最速降线问题的解。旋轮线有很多奇特的数学或力学性质,早在 17 世纪便有很多著名的科学家怀着强烈的兴趣研究它,使它成为了一条著名的神奇曲线。关于最速降线等时性的证明见"附录 A"。

【讨论与思考】

1. 一个小球,在只有重力的作用下,从高处 A 点,沿着给定的路径,下降到斜下方的 B 点(不计空气阻力和摩擦力),沿什么样的路径用时最少?

2. 讨论机械表的等时摆轮(内摆轮、外摆轮)。

【备注】

摆线是圆(半径为 a)在一条定直线上滚动时,圆周上一个定点形成的轨迹。它有一些有趣的性质,如它的长度为旋转圆直径的 4 倍,令人惊奇的是这个长度是一个不依赖于 π 的有理数;摆线弧与直线围成的面积,是旋转圆面积的三倍;当小球从摆线形状轨道的不同点下落时,它们会同时到达底部。

实验 1.3 神奇的静摩擦力

【演示现象】

拿两本类似的平装书然后相互交叉几页,并将它们堆放在一起,揪住两本书的书脊并尝试将它们拉开,发现把它们拉开十分困难。

【演示装置】

两本平装书(图 1.4),弹簧测力计。

图 1.4 两本平装书

【原理及现象分析】

当两个相互接触的物体保持相对静止,但接触面之间有相对滑动的趋势时,在接触面之间会产生阻碍相对运动的阻力,这种阻力称为静摩擦力。摩擦力本质上是由于分子(或原子)之间的引力造成的。

当两本书交叉多页对插时,由于多层书页相接触,故增加了摩擦力的个数,要想拉动应增加外力的作用。这个实验演示的是静摩擦力原理,当静摩擦力和拉力相等时就可以拉开,但是这个实验中的静摩擦力是会变化的,压力越大静摩擦力越大,当拉力增大的时候压力也增大,所以不论当拉力增加到多大,要想把两本书拉开都是很困难的。

【讨论与思考】

1. 静摩擦力与哪些因素有关?与接触面积有关吗?
2. 静摩擦力与滑动摩擦力、滚动摩擦力的区别是什么?
3. 试一试,100 页的 2 本书交叠 5 页纸,需要多大的力可以将其拉开?
4. 讨论一下拔河中的力学问题。

实验 1.4 等质量五连摆

【演示现象】

将等质量五连摆仪器放置在水平桌面上,拉动最左侧的小球使其偏离竖直方向一定角度,松手令它与其余球碰撞,观察碰撞过程,发现最右侧小球弹起的角度大小几乎与最左侧小球拉开的角度相同,其他小球静止。仿照上述过程,一次性拉起左侧(或右侧)的两球、三球、四球使之偏开平衡位置,然后突然放手,使它们与其余球碰撞,可以观察到拉起几个小球就弹起几个小球,其他小球静止。

【演示装置】

等质量五连摆,如图 1.5 所示。

【原理及现象分析】

当 n 个摆球一起拉起、释放并和其余小球碰撞后,它们将会把能量和动量传递给其余小球,引起另一侧同样数量摆球的运动。由动量守恒定律和能量守恒定律可推知,两个等质量摆球发生弹性碰撞时,它们将交换速度。

图 1.5 等质量五连摆

设小球 1 和小球 2 的质量和初始速度分别为 m_1, m_2 和 v_{10}, v_{20},在完全弹性碰撞条件下,碰撞后小球的速度分别为 v_1 和 v_2,根据碰撞前后能量守恒和动量守恒,有

$$v_1 = \frac{(m_1 - m_2)v_{10} + 2m_2 v_{20}}{m_1 + m_2}$$

$$v_2 = \frac{(m_2 - m_1)v_{20} + 2m_1 v_{10}}{m_1 + m_2}$$

对于两个等质量的小球,若 $v_{20} = 0$,则可得到 $v_1 = 0$, $v_2 = v_{10}$,所以小球 2 和小球 1 交

换了速度。那么对于五连摆球,由于它们质量都相同,也同样遵循这个规律。

【讨论与思考】

1. 在弹性碰撞过程中,动量和能量会有怎样的变化过程?几个球的碰撞所传递的能量最大?
2. 在等质量五连摆球中,假设其中有一个小球的高度略低于其他四个小球,这样能量会守恒吗?为什么?
3. 如果五个小球都换成滑鼠的滚珠,碰撞的情形是否一样?为什么?
4. 分析讨论台球运动中击球的物理原理。

【备注】

不要用力拉球,以免悬线被拉断。

实验 1.5　不等质量三连摆

【演示现象】

将实验仪器放置在水平桌面上,拉动左侧(或者右侧)一个小球使其偏离竖直方向一定角度,松手令它与其余小球碰撞,观察碰撞过程。若小球被拉起,则碰撞后小球几乎反弹回原位置,两个大球有微微晃动;若大球被拉起,则碰撞后小球会弹起一个很大的角度,大球先随小球向前运动,然后来回摆动。

【演示装置】

不等质量三连摆,如图 1.6 所示。

【原理及现象分析】

系统内力只改变系统内各物体的运动状态,不能改变整个系统的运动状态,只有外力才能改变整个系统的运动状态,所以,系统不受外力或所受外力为零时,系统总动量保持不变。

图 1.6　不等质量三连摆

当左侧(或者右侧)第一个小球拉起、释放,并与其他小球碰撞后,它将会把能量和动量传递给其他小球,引起其他小球的运动。根据能量守恒定律和动量守恒定律,当小球质量不相等时,第一个小球的动量和速度并不能完全传递给其他小球。

【讨论与思考】

1. 球摆开的角度与球质量的关系是怎样的?
2. 乒乓球和篮球一起下落地上(乒乓球在篮球正上方),乒乓球反弹情况如何?
3. 讨论超弹性现象在实际中的应用。

实验 1.6　麦克斯韦摆轮(滚摆)

【演示现象】

调节滚摆悬线,使滚摆轴保持水平,然后转动滚摆轴,使悬线均匀绕在轴上(绕线不能重叠)。当滚摆到达一定高度,使飞轮在挂线悬点的正下方,放手使其平稳下落。观察在重力作用下,滚摆重力势能和转动动能相互转化的过程。当轮下降到最低点时,轮的转速达到最大,转动动能也最大;然后,滚摆将卷绕挂绳向上运动,转动动能转化为重力势能。滚摆能长时间上下滚动。

图 1.7 滚摆

【演示装置】

滚摆,如图 1.7 所示。

【原理及现象分析】

滚摆运动是在重力作用下质心的平动与绕质心的转动的叠加,其动力学过程的计算遵循质心运动定理和质心角动量定理。在忽略所有摩擦损耗的情况下,滚摆的重力势能和质心的平动动能与绕质心的转动动能相互转化,滚摆的总机械能守恒。其具体原理分析见"附录 B"。

【讨论与思考】

1. 试分析滚摆下落速度(平动)与位置高度的关系;滚摆上下平动的周期与轴径的关系。

2. 试分析滚摆上下平动的周期与滚摆质量的关系;滚摆上下平动的周期与滚摆转动惯量的关系。

3. 讨论溜溜球运动过程中的力学问题。

【备注】

切勿使滚摆左右摆动或扭转摆动。

实验 1.7 陀螺仪

【演示现象】

拉动缠绕在转轴上的棉绳,先让陀螺仪高速旋转起来,然后将陀螺仪拿起,观察陀螺转轴的角度变化,然后手拿陀螺仪外框的轴向各个方向转动,可以发现陀螺转轴的角度始终不变。

【演示装置】

陀螺仪,如图 1.8 所示。

图 1.8 陀螺仪

【原理及现象分析】

陀螺仪是一个绕支点高速转动的刚体。通常所说的陀螺是指对称陀螺,它是一个质量均匀分布、具有轴对称形状的刚体,其几何对称轴就是它的自转轴。当旋转的陀螺受到外力矩作用时,其自转轴就会产生旋进(回转效应),又称为进动。以很大的角速度、绕旋转对称轴转动的陀螺,在没有外力矩的作用下,由于惯性,其转动轴的方向保持不变。迅速转动的陀螺受外力矩(如重力力矩)作用时,它并不立即倾倒,而是转动轴绕着某固定轴缓缓转动,即进动,但由于摩擦等因素使得陀螺绕对称轴转动的角速度逐渐变小,它才慢慢地倾倒下来。

【讨论与思考】

1. 陀螺仪是一种用来感测与维持方向的装置,它是基于什么原理设计的?

2. 陀螺仪一直是测定航空及航海上航行姿态及速率等最方便实用的参考仪表。它是如何确定航行和航海方位的?

3. 分析讨论光纤陀螺仪的工作原理。

实验 1.8 车轮进动

【演示现象】

车轮未旋转时,在车轮重力矩作用下系统向车轮端倾斜。旋转车轮,出现进动现象;车轮逆时针旋转,车轮逆时针进动;车轮顺时针旋转时,车轮顺时针进动。若沿旋转方向施加一个推力作用在车轮轴上,则进动的车轮轴抬高;若施加一个阻力,则进动的车轮轴降低。

用常平架陀螺仪演示时,适当增加砝码,当砝码一侧所受重力矩与转轮所受重力矩平衡时,尽管转轮旋转,却无进动现象;继续增加砝码,出现反方向进动现象。

【演示装置】

车轮进动演示仪,如图 1.9 所示;或常平架陀螺仪。

【原理及现象分析】

角动量定理指出,系统的角动量随时间的变化率等于系统所受的合外力矩(对同一点或轴),即有 $\Delta L = M\Delta t$,角动量的改变方向与外力矩方向一致。当把旋转的车轮放在凹型支点上,车轮重力对支点的重力矩垂直于转轴,指向转轴的左侧,旋转的车轮角动量沿车轴方向,所受重力矩 M 垂直于角动量 L。按照角动量定理,L 要沿 M 方向发生改变,由于重力矩 M 垂直于角动量 L,所以 M 改变了 L 的方向,没有改变其大小,发生了沿重力矩 M 方

图 1.9 车轮进动演示仪

向的进动(旋进)。车轮逆时针旋转,角动量 L 沿车轴向上,角动量 L 随 M 改变,所以逆时针进动;车轮顺时针旋转,角动量 L 沿车轴向下,角动量 L 随 M 改变,所以顺时针进动。所加推力对支点力矩向上,按角动量定理,车轮向上进动(抬高);阻力对支点力矩向下,车轮向下进动(降低)。常平架陀螺仪演示现象的原理也同上面的分析。

【讨论与思考】

1. 分析进动现象中转轴的旋转方向与外力矩的关系。
2. 分析摩擦力的作用,其力矩能否对角动量进动产生影响?
3. 若转动轴开始时有一定倾斜,可能出现车轮进动的同时,它的轴还上下摆动,这称为章动。试分析产生章动的能量来源?
4. 讨论一下自行车拐弯的物理问题,以及造成地球岁差的原因。

【备注】

给车轮的初始角速度不要太小,防止磕伤!

实验 1.9 角动量守恒(茹科夫斯基转椅)

【演示现象】

操作者坐在可绕竖直轴自由旋转的椅子上,手握哑铃,两臂平伸,其他人推动转椅使转椅转动起来,然后操作者收缩双臂,可看到操作者和椅的转速显著加大。两臂再度平伸,转速复又减慢。可重复多次,直至停止。

【演示装置】

茹科夫斯基转椅和哑铃，如图 1.10 所示。

【原理及现象分析】

该实验定性说明了物体系统在合外力矩为零时，其系统的角动量守恒，并且当角动量守恒的物体系统的转动惯量变大时，角速度会变小，反之亦然。

分析认为，当物体系统绕定轴转动时，若其所受到的合外力矩为零，则物体系统的总角动量不变，即 $J\omega$ 不变（J 是物体系统的转动惯量，ω 是物体系统绕定轴转动的角速度），因为内力矩不会改变质点系的总角动

图 1.10　茹科夫斯基转椅和哑铃

量，只起到一个传递的作用。若物体系在内力的作用下，质量分布发生变化，从而使绕定轴转动的转动惯量改变，则它的角速度将发生相应的改变以保持总角动量不变。本实验的对象是手持哑铃坐在轮椅上的操作者，若哑铃位置改变，则操作者及轮椅系统的转动惯量改变，从而系统角速度也随之改变。

【讨论与思考】

1. 操作者手持哑铃坐在转椅上伸缩手臂，可使转速随之而改变；花样滑冰运动员在做转体动作时随肢体的伸缩也在改变转速，试问这两种情况地面的支持力分别起什么作用？跳水运动员或体操运动员在空中改变形体是否可以使身体停止转动？

2. 在本实验中，坐在转椅上的操作者、哑铃和茹科夫斯基转椅所构成系统的总动能是否发生变化？

3. 讨论跳水、自由体操运动项目中难度系数高低的理论依据。

实验 1.10　音叉

【演示现象】

将一支音叉接至共鸣箱，并用橡皮锤敲击音叉，听其振动声。将两支频率相同的带有共鸣箱的音叉 1、2 相对放置（两者相隔一定距离），用橡皮锤敲响音叉 1，使之振动，过一会儿随即握住此音叉使它停振，此时在安静的室内仍可清晰地听到音叉的声响。这是因为音叉 1 虽已停振，但在停振以前，通过空气振动，已迫使频率相同的音叉 2 振动，因此可听到音叉 2 发出的共鸣声。手握音叉 2，声响消失，证明此时的声响是音叉 2 发出的。

如果在一支音叉的臂上套一金属环或橡胶环，它的频率会有一微小改变，此时两音叉的频率不同，则不发生共鸣。敲击此音叉，听其声音，移动臂上金属环的位置，听到的声音会不同。将两支音叉平行放置，且共鸣箱口朝向观众，然后可以同时听到两支音叉发出周期性的强弱变化的"嗡嗡"声，这就是拍现象。不断调节金属环的位置，可得到最佳效果。

图 1.11　音叉

【演示装置】

音叉（图 1.11）、金属套环（橡胶圈）、橡皮锤、共鸣箱。

【原理及现象分析】

音叉的共振现象称为共鸣。如果两个音叉的频率相同，敲击一个

音叉发声所激发的空气振动可引发另一个音叉振动发声；如果两音叉的频率不同,则不会产生共鸣。

改变音叉的频率,可采用在音叉臂上附加重物的方法,例如滴蜡,绕以铜丝、套橡胶圈等。也可以如本实验,将两个金属套环套在音叉臂上,金属套环的位置可以移动,并用螺丝固定。调节音叉臂上的金属套环的位置,则可改变音叉的频率,其频率变化范围由金属套环的质量决定。若所加的金属套环较重时,在音叉臂上的位置必须保持对称,否则音叉振动会衰减过快。

【讨论与思考】

1. 共振、拍形成的条件分别是什么？
2. 分析讨论塔科马海峡大桥倒塌的原因。

实验 1.11　蛇形摆

【演示现象】

当蛇形摆中的所有单摆都静止之后,由底部整体拉动单摆组,使单摆组的所有单摆一起摆动；从右上方观察所有的单摆,可以发现：首先单摆组呈波浪状摆动,跟蛇的扭动一样,接着又变成混乱的摆动,没过多久,开始变成两边摆动,奇数和偶数的单摆各占一边,最后则又呈蛇的扭动状。

【演示装置】

蛇形摆,如图 1.12 所示。

【原理及现象分析】

单摆的周期和摆长的平方根成正比,例如两个单摆的摆长之比为 4∶1,则它们的周期之比为 2∶1。蛇形摆中所有单摆的摆长是由长至短规律变化的,因此所有单摆的周期由大至小规律变化。从摆动的角度大小而言,它也呈现由大到小规律变化的趋势。因此当所有单摆开始摆动后,最初由于角度差异不大,并且成规律性的变化,因此它们看起来就像是波动状的蛇形摆动。多次摆动后,摆动角度不再成规律性变化,差异性逐渐增加,此时变为杂乱无章的运动。

图 1.12　蛇形摆

继续摆动,当奇数、偶数单摆的角度分别达到整数倍数、半整数倍数的时候,就可以观察到奇数、偶数单摆分成两边的情形。

【讨论与思考】

1. 振动的振幅、频率(或周期)、初相是振动的三个特征量,根据所学振动的知识,分析该演示仪器的制作原理。
2. 讨论在生活实际中的振动现象及应用。

【备注】

开始拉动所有单摆时的摆动幅度要一样大,若摆动幅度不一样大,会使摆动形状紊乱,不易观察出形状的规律变化。

无论是大型还是小型蛇形摆,制作时都必须保证摆长有规律性的变化,例如每个单摆的长度都是相差 5cm(或 20cm)。若每个单摆摆长间的差异不一致,摆动形状就容易杂乱,从而看不出有怎样的规律变化,此时必须认真调整摆的长度。

实验 1.12　纵横波演示仪

【演示现象】

操作者转动横波演示器的手柄,线绳吊起的软弹簧就会随转动的手柄不断扭动,并由近及远传播出去,扭动方向与传播方向垂直,表现为一列横波的传播;操作者转动纵波演示器的手柄,弹簧将随手柄不断扭动,此时可以清晰地看到弹簧上传播着疏密相间的纵波;若将弹簧末端固定在支架上,传播过来的纵波将在弹簧的末端产生反射波,可以观察到驻波现象,且在弹簧的后半部驻波现象较为明显。

【演示装置】

弹簧纵、横波演示仪,如图 1.13 所示。

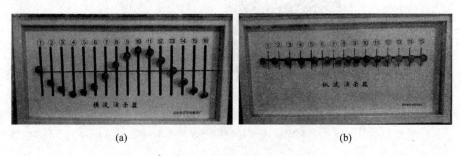

图 1.13　弹簧纵、横波演示仪
(a) 横波演示器;(b) 纵波演示器

【原理及现象分析】

机械波的产生必须存在波源与弹性媒质,根据波源的运动形式不同,机械波可分为横波和纵波。横波是指质点的振动方向与波的传播方向垂直的一种机械波。其每一个质点都在围绕平衡位置作简谐振动,振动的相位沿波传播方向有一个线性的相位滞后;纵波是指质点的振动方向与波的传播方向平行的另一种机械波。其每一个质点也在围绕平衡位置作简谐振动,振动的相位沿波传播方向也有一个线性的相位滞后。

【讨论与思考】

1. 纵波的物理图像常用悬挂软弹簧或悬挂塑料弹簧来演示,为什么?
2. 为什么声音是纵波?
3. 能不能利用一套规则,把纵波"转换成"横波?这就是为什么纵波也会有波峰、波谷与波长。
4. 分析讨论地震波和海洋表面波浪。

【备注】

1. 操作者转动手柄要轻且匀速,忌施加拙力。
2. 软弹簧纵波演示仪的软弹簧极易缠绕一起,使用或搬动时要格外注意。

实验 1.13 线形驻波和环形驻波

【演示现象】

将轻绳一端固定在振荡器的竖直铜棒上,另一端固定,轻绳有一定张力。打开电源,缓慢调节功率和频率旋钮,当调节振动频率使得绳长等于半波长的整数倍时,轻绳会呈现出稳定的线性驻波波形。把钢丝折成一个圆环后,将两端固定在振荡器的铜棒上,接通电路,缓慢调节频率旋钮和功率旋钮,从钢丝左端和右端传来的振动在钢丝内叠加,当调节振动频率使得圆环周长等于半波长的整数倍时,圆环上显现出稳定的环形驻波。

【演示装置】

线形驻波和环形驻波演示仪,如图 1.14 所示。

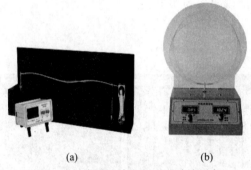

图 1.14 线形驻波和环形驻波演示仪
(a) 线形驻波演示仪;(b) 环形驻波演示仪

【原理及现象分析】

当两个振幅和频率相同的相干波在同一直线上相向传播时,其所叠加而成的波称为驻波。一维驻波是波干涉中的一种特殊情形。

设两列简谐波分别沿 x 轴的正向和负向传播,它们的表达式为

$$\begin{cases} y_1 = A\cos\left(\omega t - \dfrac{2\pi x}{\lambda}\right) \\ y_2 = A\cos\left(\omega t + \dfrac{2\pi x}{\lambda}\right) \end{cases}$$

其合成波为 $y = y_1 + y_2 = 2A\cos\left(\dfrac{2\pi x}{\lambda}\right)\cos\omega t$。当 $x = (2k+1)\lambda/4, k = 0, 1, 2, \cdots$ 时,$y = 0$,因此这些质点始终处在平衡位置,振幅不随时间变化,这些静止的质点称为驻波的波节。当 $x = \dfrac{k\lambda}{2}, k = 0, 1, 2, \cdots$ 时,$y = \pm 2A$,因此这些质点的振幅最大,等于 $2A$,这些振幅最大的质点称为波腹。相邻两波节或波腹之间的长度恰好是原来行波波长的一半。

对于线形驻波演示仪,绳的末端为固定点,固定点一定是波节的位置。当调节行波的频率,使得绳长等于半波长的整数倍时,驻波能稳定存在。

【讨论与思考】

1. 观察在两端被固定的弦线上形成的驻波现象,说明弦线达到共振和形成稳定驻波需

要满足什么条件。

2. 观察圆环驻波现象,说明圆环达到共振和形成稳定驻波需要满足什么条件。

3. 讨论弦乐器弹奏的物理原理。

实验 1.14　激光李萨如图形

【演示现象】

开启激光电源,将激光投影在两个钢尺上的平面镜上,并反射到白墙上。拨动水平钢尺,墙上出现竖直光线;拨动竖直钢尺,墙上出现水平光线。调节两钢尺等长,同时拨动两钢尺,可在墙上看到圆形或椭圆形闭合光线轨迹;改变一钢尺长度,如缩短一半,同时拨动两钢尺,可在墙上看到"8"字形闭合光线轨迹。

【演示装置】

激光李萨如图形演示仪,如图 1.15 所示。

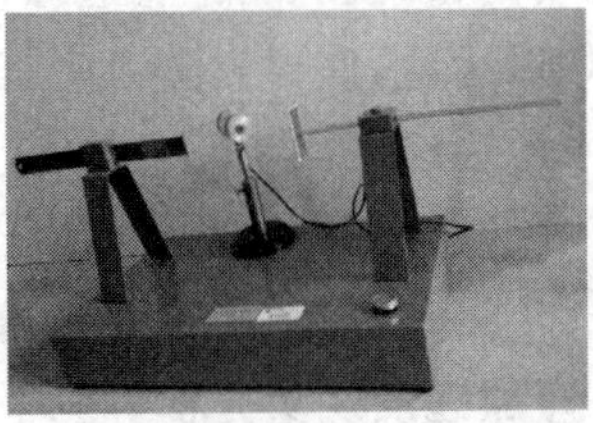

【原理及现象分析】

当激光点打在两个垂直振动的平面镜上时,即参与了两个平面镜的振动,合运动就是两个垂直运动的叠加。当两个平面镜的振动频率满足简单整数比时,合运动具有封闭稳定的运动轨迹,这种图形就是李萨如图形。不同频率($\omega_1:\omega_2=m:n$,m、n 为整数)、不同相位差下的两个垂直振动形成的李萨如图形,如图 1.16 所示。

图 1.15　激光李萨如图形演示仪

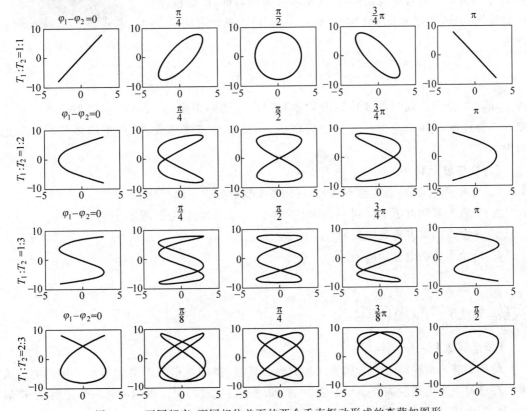

图 1.16　不同频率、不同相位差下的两个垂直振动形成的李萨如图形

【讨论与思考】

1. 如何调节钢尺的振动频率？如何满足整数比？
2. 从李萨如图形中如何看出两个垂直振动的频率比？
3. 李萨如图形以其特征性的图像为研究物体振动与其频率和相位之间的关系提供了很好的手段，讨论一下李萨如图形的应用。

实验 1.15　多普勒效应

【演示现象】

将收音机绑在车轮边缘，播放音乐，当车轮转动以后，发现由于声源与观测者之间存在着相对运动，使得观测者听到的声音频率不同于振源频率，这就是多普勒频移现象。并且，当声源远离观测者时，音调变得低沉；当声源接近观测者时，音调变得高昂。

【演示装置】

手摇车轮(图 1.17)，收音机。

【原理及现象分析】

观测者在波源运动时接收到的完整波的数目和在波源静止时接收到的不同。当波源靠近观测者运动时，在运动波源的前面，波形被压缩，有效波长变短，观测者听到的频率变高(也称蓝移，blue shift)；当波源远离观察者运动时，在运动波源的后面，波形被拉长，有效波长变长，频率变低(也称红移，red shift)。观测者听到的频率为

图 1.17　手摇车轮

$$\nu_R = \frac{u\nu_S}{u \pm v_S}$$

式中，ν_R、ν_S 分别为观测者接收到的频率和波源振动的频率，u 为波源在介质中的传播速度，v_S 为波源的移动速度。从上式可以看出，波源的速度越大，所产生的多普勒频移也越大。

【讨论与思考】

1. 当观测者运动，而波源不动时，观测者听到的频率有何变化？
2. 当观测者和波源不在同一直线上产生相对运动，如何分析频率变化？
3. 电磁波的多普勒效应如何？
4. 讨论多普勒效应的应用。

实验 1.16　静电除尘

【演示现象】

将排烟管道周围绕上的金属导线接到电源正极，排烟管道的中央尖形导体接到电源负极。在管道下方的铁盒内点燃蚊香或香烟，使管道内生成烟尘。当烟雾充满管道后，手摇静电感应起电机，管道内烟尘迅速消失，恢复到无烟状态时的透明度。

【演示装置】

静电除尘演示装置,如图 1.18 所示。

【原理及现象分析】

烟雾在通过排烟管道时,由于组成烟雾的原子、分子频繁地相互碰撞,使得少量的原子、分子失去电子而成为带电离子。当通电时,这些少量的带电离子在高电压静电场的作用下加速运动,以更大的动能去碰撞其他原子、分子,最终使得几乎所有的原子、分子都成为带电离子。于是,带正电的离子被吸附到管道中央负极上,带负电的离子被吸附到管壁正极上,从而达到除尘的目的。

【讨论与思考】

1. 成为带电离子的烟雾中,带正电离子的总质量大还是带负电离子的总质量大?
2. 电源的正极能否接在中央对称轴上?
3. 讨论一下家用空气净化器的原理,以及实际生产中除尘设备的工作原理。

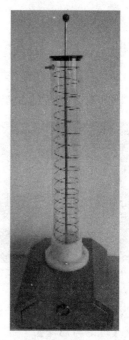

图 1.18　静电除尘演示装置

实验 1.17　电风转筒

【演示现象】

将空矿泉水瓶固定在一个竖直轴上,在水瓶左右对称放置两排插针。将插针接到感应起电机上,开始摇动起电机手柄,并逐渐增加速度,此时塑料圆筒开始慢慢转动起来,并越转越快。

【演示装置】

电风转筒演示仪,如图 1.19 所示。

图 1.19　电风转筒演示仪

【原理及现象分析】

随着手柄的转动,感应起电机不断积累电荷,这些电荷会分布在插针的尖端。当电荷数量积累得足够多时,会在周围空气中产生很强的电场,从而把空气电离成带电离子。与尖端电荷同性的带电离子被排斥,而与其异性的带电离子被吸引中和。由于感应起电机不断向尖端补充电荷,因此空气中被电离的同性带电离子集体受到排斥,被吹开形成"电风",从而带动矿泉水瓶旋转。

【讨论与思考】

1. 矿泉水瓶的转动方向和电极的正负有关吗?
2. 要使矿泉水瓶朝相反方向旋转应如何操作?
3. 讨论导体尖端放电现象及其应用。

实验 1.18　电轮

【演示现象】

将"卐"形状的金属叶片放置在一个金属支架上,然后将支架连接静电感应起电机。手摇静电感应起电机产生静电,发现"卐"形金属叶片开始转动并越转越快。

图 1.20　电轮

【演示装置】

电轮,如图 1.20 所示。

【原理及现象分析】

打开电源后,"卐"形金属叶片的尖端积聚了大量的电荷,导致其附近的空气分子被电离,其中与尖端积聚电荷同性的带电离子以较大的速度飞离金属叶片的尖端;而与尖端积聚电荷异性的带电离子以较大的速度飞向金属叶片的尖端,把动量交给叶片,从而导致"卐"形叶片的旋转。

【讨论与思考】

"卐"形金属叶片能否反向旋转?

实验 1.19　电风吹烛

【演示现象】

将安装在绝缘架上的针形电极用导线与产生静电高压的电源相连,点燃蜡烛,接通电源,可以观察到蜡烛火焰在离子风的作用下将偏向一边,蜡烛火焰甚至可能被离子风吹熄。

【演示装置】

电风吹烛演示仪,如图 1.21 所示。

【原理及现象分析】

在尖端附近强电场的作用下,空气中散存的带电粒子加速运动,并获得足够大的能量,以至它们和空气分子碰撞时,能使后者电离成电子和带正电的离子,这些电子和离子与其他空气分子碰撞时,又能产生大量新的带电粒子。与尖端上电荷异号的带电粒子受尖端电荷的吸引,飞向尖端,使尖端上的电荷被中和掉;与尖端上电荷同号的带电粒子受到排斥而从尖端附近飞开形成"电风"。蜡烛火焰的偏斜就是受到这种离子流形成的"电风"吹动的结果。

【讨论与思考】

蜡烛不容易吹灭的原因是什么?

【备注】

本实验中,须不断给导体充电,从而防止尖端上的电荷因中和而逐渐消失,使"电风"持续一段时间,便于观察。

图 1.21　电风吹烛演示仪

实验 1.20　静电跳球

【演示现象】

将直流高压电源输出端接到两极板上,接地线接触地板。开启高压电源,调节高压输出电压至 15～20kV,可以发现,当两极板分别带上正、负电荷后,小金属球开始在容器内上下跳动;断电后,两极板电荷逐渐中和,小球也随之停止跳动。

【演示装置】

静电跳球演示仪,如图 1.22 所示。

【原理及现象分析】

当两极板分别带正、负电荷时,这时小金属球也带有与下极板同号的电荷。同号电荷相斥,异号电荷相吸,小球受下极板的排斥和上极板的吸引,跃向上极板。当与上极板接触后,小球所带的电荷被中和反而带上与上极板相同的电荷,于是又被上极板排斥跃向下极板。如此周而复始,可观察到球在容器内上下跳动。

图 1.22　静电跳球演示仪

【讨论与思考】

1. 金属换成电解质(如碎纸)情况如何?
2. 讨论物质的电结构。

实验 1.21　电介质极化

【演示现象】

将许多小木棍系在同一条细绳上组成一个单元,再将多个单元竖直悬挂起来,其上下两端固定在有机玻璃盒子的上下两面。有机玻璃盒子左右两面是导体平板,分别接到静电高压电源的正负两极上。未开电源时,每一个小木棍的取向都是任意的,当打开电源时,所有小木棍都沿电场方向整齐排列。

【演示装置】

带有导体平板的有机玻璃盒子,静电高压电源,火柴棍,细棉线。

【原理及现象分析】

无外电场时,每一个小木棍的取向都是任意的,当打开电源时,所有小木棍都处在高电压的静电场中,小木棍被极化,在小木棍的两头出现了相反的束缚电荷。这些束缚电荷受到了静电场的作用使得小木棍沿电场方向排列,集聚正束缚电荷的一头朝向负极板,集聚负束缚电荷的一头朝向正极板。

【讨论与思考】

1. 电介质放入电场中和导体有何不同?
2. 演示结束后有人用金属改刀分别接触了正负两极板,其目的何在?
3. 讨论增大电容器电容的方法。

实验 1.22　涡电流演示

【演示现象】

将一磁铁柱放入铝管中,观察它的下落时间;随后,把磁铁柱换成硬塑料柱,可以发现磁铁柱下落时间比硬塑料柱下落时间长得多;分别把磁铁环、硬塑料环套在铝管外面观察其下落,也能发现磁铁环下落时间更长。但是,用开有竖槽不闭合的铝管进行实验时则没有发现此现象。

图 1.23　涡电流演示仪

【演示装置】

涡电流演示仪,如图 1.23 所示,磁铁柱、磁铁环、硬塑料柱、硬塑料环等。

【原理及现象分析】

由麦克斯韦电磁场理论,变化的磁场产生了变化的电场(涡旋电场),金属中的自由电子在涡旋电场的作用下发生移动,形成电动势,从而在闭合回路形成感应电流。

当回路中的磁通量发生变化时,磁通量随时间的变化率等于金属回路中的感应电动势,若回路闭合,则产生感应电流,电流方向由楞次定律决定。因此,当磁铁柱或磁铁环与铝管发生相对运动时,会在回路中产生涡电流,从而阻碍磁铁柱(或磁铁环)的运动,使得其下落时间变长。

【讨论与思考】

1. 简述涡旋电场与静电场的异同点?
2. 讨论移动设备自动充电的物理原理。

实验 1.23　热磁轮

【演示现象】

调整好铁磁合金丝圆环,使圆环平面保持水平,且与永磁铁中心处于同一高度。点燃酒精灯,用火焰灼烧圆环上一点(靠近永磁体部位),可以观察到圆环旋转起来,移开酒精灯,圆环转速变慢,最终静止下来。换一对称位置灼烧,可观察到旋转方向相反。

【演示装置】

热磁轮演示仪,如图 1.24 所示。

【原理及现象分析】

当铁磁物质被加热到一定温度时,由于铁磁物质内分子运动加剧,磁畴被瓦解,物质的铁磁性立刻消失,转变成顺磁性物质,这个重要的临界温度称为居里温度。纯铁的居里温度大约是 767 ℃,镍的居里温度是 380 ℃。将低居里点的金属材料做成圆环,放在永磁体附近,在同一温度下永磁体对环的

图 1.24　热磁轮演示仪

静磁力是关于磁场中心与转环中心连线对称的,因此对圆环中心不产生力矩。当用酒精灯灼烧圆环一部分时,该部分材料发生相变而成为一般的顺磁质。永磁体对该部分的吸引力大大减弱,因此,永磁体对圆环的吸引力产生关于圆环中心的力矩,此力矩使圆环转动。

【讨论与思考】

1. 金属丝的形状对转动力矩有何影响?
2. 金属丝的居里温度、直径对转动有何影响?

【备注】

1. 电饭锅的温控元件就是采用了居里温度只有103℃的软磁体。当电饭锅内的温度达到103℃,软磁体失去磁性而自动断电。
2. 地球上的岩石在成岩过程中会受到地磁场的磁化作用,从而获得微弱磁性,并且被磁化的岩石的磁场与地磁场是一致的。这就是说,无论地磁场怎样改变方向,只要它的温度不高于岩石的居里温度,岩石的磁性是不会改变的。因此,只要测出岩石的磁性,自然能推测出当时的地磁方向。这就是在地学研究中人们常说的化石磁性。在此基础之上,科学家利用化石磁性的原理,研究地球演化历史的地磁场变化规律,这就是古地磁学。

实验1.24 磁阻尼摆

【演示现象】

让实心金属单摆在自由空间摆动,可观察到单摆经过相当长的时间才停止下来。若将两端的磁铁向单摆缓慢移动,当它们距离单摆较近时,单摆会迅速停止下来,这说明这两个磁铁对单摆有很强的磁阻尼作用。将梳状单摆代替实心单摆重复上述实验,可以观察到其摆动都要经过较长的时间才停止下来。

【演示装置】

磁阻尼摆装置,实心金属单摆,梳状单摆,如图1.25所示。

【原理及现象分析】

当金属单摆在两磁极间摆动时,由于受切割磁力线产生的动生电动势的作用,在金属摆内将出现涡电流。

根据安培定律可知,当金属摆进入磁场时,磁场对环状电流的上、下两段的作用力之和为零,而对环状电流的左、右两段的作用力的合力会起阻碍金属摆块摆进的作用。当金属摆块摆出磁场时,磁场对环状电流的左、右两段的作用力的合力则会起阻碍金属摆块摆出的作用。因此,金属摆总是受到一个阻尼力的作用,就像在某种黏滞介质中摆动一样,摆动会很快地停止下来。由于这种阻尼作用来源于电磁感应效应,故称电磁阻尼。

图1.25 磁阻尼摆装置

若将金属单摆制成有许多隔槽的形状,产生的涡流会大大减小,从而对金属单摆的阻尼作用减弱,因此它在两磁极间要摆动较长时间才会停止下来。

【讨论与思考】

1. 涡电流大小与哪些因素有关?
2. 电磁炉的工作原理是什么?

3. 讨论磁阻尼摆在仪表中,以及在电气机车中的电磁制动器的应用。

【备注】

操作前应把矩形磁轭和支撑架调整到位,确保摆动顺畅。

实验1.25　楞次定律演示(磁跳环)

【演示现象】

将闭合铝环套入铁棒内按动操作开关。当操作开关接通时,闭合铝环高高跳起,若一直保持操作开关接通状态不变,闭合铝环则保持一定高度,悬在铁棒中央。断开操作开关时,闭合铝环落下。把闭合铝环取下,将带缺口的铝环套入铁棒内按动操作开关,当操作开关接通时,带缺口的铝环不向上跳起。

【演示装置】

楞次定律演示仪(图1.26),闭合铝环,带缺口铝环。

【原理及现象分析】

当线圈通有电流时,铁芯中会产生交变磁场,使得穿过闭合铝环中的磁通量发生变化。根据楞次定律,套在铁芯中的铝环将产生感生电流,并且方向与线圈中的电流方向相反。因此感生电流产生的磁场方向与原线圈的相反,相斥的电磁力使得铝环上跳。由于带缺口的铝环没有形成闭合回路,无感生电流产生,因而不受到电磁力的作用,故保持静止。楞次定律的本质是能量守恒定律。

图1.26　楞次定律演示仪

【讨论与思考】

1. 涡电流形成的原因是什么?
2. 分析讨论电磁冶炼炉的工作原理。

【备注】

不要长时间按动操作开关,以免使线圈过热而损坏。

实验1.26　安培力演示

【演示现象】

将载流直导体铜棒水平放在支承导轨上,并调节其水平位置,使铜棒在马蹄形磁铁的磁场中间;接通电源,观察到载流直导体铜棒在导轨上滑动;改变电流流通的方向,观察到载流铜棒在导轨上沿相反方向滑动;移动马蹄形磁铁,使磁场相对载流铜棒移动,可以观察到载流铜棒也跟着一起运动。

【演示装置】

安培力演示装置,如图1.27所示。

【原理及现象分析】

通电导体在磁场中,会受到磁场力的作用,这种力称为安培力。实验发现,对于直导线,安培力的大小与方向由下式表示:

$$F = LI \times B$$

由上式可见,力、电流和磁场三者之间的方向关系满足右手定则。当然,也可以用左手定则来确定安培力的方向。即伸直左手,使大拇指与其余四指相垂直,磁场穿过手心,让四指指向导体中通电电流的方向,则大拇指的方向就是磁场对电流作用力的方向,即导体所受的安培力的方向。导体受到安培力的作用,就在导轨中滑动起来。

【讨论与思考】

1. 讨论安培力的方向与电流方向、磁场方向有什么关系?
2. 分析电动机的工作原理。

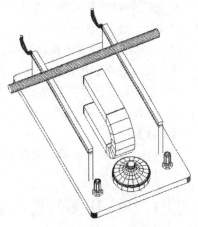

图 1.27 安培力演示装置

【备注】

1. 电路中电阻非常小,因而接通直流电源时间要短,否则电流过大会损坏电源。
2. 导轨要保持清洁,以便载流铜棒在导轨上无阻力地移动。

实验 1.27 麦克斯韦速率分布率

【演示现象】

分别把调温杆对准温度 T_1 和 T_2 的位置,比较两次钢球下落分布情况,发现调温杆对准 T_1 位置时形成的曲线尖、峰值靠右;调温杆对准 T_2 位置时形成的曲线平坦、峰值靠左。将两次分布曲线在仪器上做好标记,比较温度 T_1 和 T_2 的分布曲线,可以看出 T_1 和 T_2 两条分布曲线所围成的面积相等。

【演示装置】

道尔顿板,如图 1.28 所示。

【原理及现象分析】

在道尔顿板铁钉点阵的右侧设置了接收隔槽,每一个隔槽接收落球的数量与一定的水平速度有关,隔槽接收落球的数量的分布反映了落球按水平方向速度的概率密度分布。因为落球从漏斗下落起始点的位置影响水平方向的速度分布,相当于温度对理想气体速率的影响,因此,调节漏斗下落起始点的位置,称为调温。本实验可定性地演示气体分子水平方向速度分布随温度的变化。推动调温杆使活动漏斗的漏口对准温度 T_1(低温)的位置,钢球集中在储存室里,由下方小口漏下,经缓流板慢慢地流到活动漏斗中,再由漏斗口漏下,形成不对称分布落在下滑曲面上,从喷口水平喷出。位于高处的钢球滑下后水平速率大,低处的钢球滑下后水平速率小,而速率大的落在远处的隔槽内,速率小的落在近处的隔槽内。当钢球全部落下后,便形成对应温度 T_1 的速率分布曲线,即 $f(v)$-v 曲线。拉动调温杆,使活动漏斗的漏口对准 T_2(高温)位置,钢球重新落

图 1.28 道尔顿板

下,当全部落完时,形成对应温度 T_2 的速率分布曲线。将两次分布曲线在仪器上做好标记,比较 T_1 和 T_2 的分布曲线,可以看出温度高时曲线平坦,最概然速率变大。利用 T_1 和 T_2 两条分布曲线所围面积相等可以说明速率分布函数满足归一化条件。

【讨论与思考】
1. 为什么隔槽系列落球的数量分布反映众球的速率分布?
2. 可否用本仪器演示气体分子质量对其速率分布的影响?

【备注】
保持演示仪底座不动;确保活动漏斗的漏口对准 T_1、T_2 位置。

实验 1.28　压强的统计意义

【演示现象】
接通电源,调节电流,使其不断增大,此时小球初始运动速度增大,大量小球对可动板的冲击力增大,使得可动板向上运动;当电流控制在一恒定值时,大量小球的平均速度为一定值,对可动板的冲击力恒定,使得可动板几乎静止在某一位置;调节电流,使其不断减小,此时小球初始运动速度减小,大量小球对可动板的冲击力减小,可动板向下运动。

【演示装置】
分子运动演示仪,如图 1.29 所示。

图 1.29　分子运动演示仪

【原理及现象分析】
气体对容器壁的压力是气体分子对容器壁频繁碰撞的总的平均效果。各个气体分子对器壁的碰撞是断续的,它们给予器壁冲量的方式也是断续的,但由于气体分子数目极多,因此碰撞极其频繁,它们对容器壁的碰撞总体来看就成了连续的给予器壁的冲量,也就在宏观上表现为气体对容器壁有持续的压力作用。气体对器壁单位面积上的压力即为气体的压强。

气体对容器壁的作用进而产生了压强。压强是一个宏观的概念,它可以由气体运动论给出定量的微观解释。利用气体运动论关于理想气体模型的基本微观假设,可定量推导出气体的压强公式为

$$p = \frac{2}{3}n\left(\frac{1}{2}m\bar{v}^2\right) = \frac{2}{3}n\bar{\varepsilon}_t$$

上式表明气体压强具有统计意义。

实验中用小钢球模拟气体分子,利用外部电机使砧子产生振动,从而使放置于砧子上的小钢球具有相应的初速度。调节外加电压的大小,改变砧子的振动频率,从而改变钢球的初速度。当具有某一速度的钢球与可动板发生碰撞时,会对其施加相应的冲击力。单个钢球对可动板的碰撞只是一个冲击力脉冲,但多个钢球的共同作用就表现为对可动板的恒定的冲击力。

【讨论与思考】
1. 气体运动理论中关于理想气体模型的基本微观假设认为气体分子是一个个弹性质

点,若它们是非完全弹性的,即分子在碰撞过程中有能量损耗,将会产生怎样的结果?

2. 气体运动理论中关于理想气体模型的基本微观假设为气体分子彼此之间无相互作用,若它们之间有一弱的引力或斥力,气体的压强公式将会有怎样的变化?

3. 气体运动理论中关于理想气体模型的基本微观假设为气体分子是一个个体积可忽略不计的弹性质点,若它们有一定体积,气体的压强公式将会有怎样的变化?

【备注】

接通电源后应在适当范围内调节电流的增大或减小。

实验 1.29 玻耳兹曼速率分布率

【演示现象】

接通电源,调节电流到某一定值,此时砧子具有稳定的振动频率,所有钢球都在以不断变化的速度运动着。当系统整体趋于稳定时,装置下部钢球数较多,上部钢球数较少。操作者迅速将隔板由左至右插入,同时关闭电源,可以发现隔板中钢球数的分布为底格最多,顶格最少,钢球数目按高度有一定的统计分布。

【演示装置】

分子运动演示仪(图1.29)。

【原理及现象分析】

在重力场中,气体分子受到两种相互对立的作用。无规则的热运动将使气体分子均匀分布于它们所能达到的空间,而重力则会使气体分子聚集到地面上。当这两种作用达到平衡时,气体分子在空间呈现非均匀分布,且分子数随高度的增加而减小。玻耳兹曼考虑到重力场的作用,将麦克斯韦速度分布律推广到了气体分子在任意力场中的情形。

实验中用小钢球模拟气体分子,利用外部电机使砧子产生振动,从而使放置于砧子上的小钢球具有相应的初速度。调节外加电压的大小,改变砧子的振动频率,从而改变钢球的初速度。大量钢球具有一定初速度后,其在空间的分布就遵循重力场中粒子按高度的分布规律,即高度越高处粒子数越少。为了定量了解这一规律,当大量钢球在空间分布较稳定时,迅速插入等间距的隔板,隔板中的钢球数分布也就是相邻等间距空间中气体分子数的分布。这个实验的结果验证了气体分子在重力场的分布满足重力场中粒子按高度分布的统计规律。

【讨论与思考】

1. 如果小球的质量近似于氢分子,那么大量小球的分布规律与本次实验的结果是否相同?

2. 讨论地球上大气压强的分布规律。

【备注】

在迅速将隔板由左至右插入的同时关闭电源。

实验 1.30 伽尔顿板

【演示现象】

抽动隔板,使全部小球落下来,大量小球在各槽中的分布大致是对称的,并且中间的槽中小球数多，两侧的槽中小球数少。

图 1.30　伽尔顿板

【演示装置】

伽尔顿板，如图 1.30 所示。

【原理及现象分析】

大量随机事件的整体所遵从的规律，称作统计规律，本实验是对统计规律做的一个具体演示。

装置在落球的通路上以密排方式布置了铁钉点阵，如果从入口处投入一个小球，小球在下落过程中将与若干铁钉相碰，不断改变其运动方向，最终落入某一槽中。每次用一个小球重复实验几次，可以看到单个小球落在哪个槽中是偶然的、随机的、不可预见的。

若抽动隔板，使全部小球一起下落，可以看到大量小球在各个槽中的分布近似为正态分布，即中间的槽中小球数多，两侧的槽中小球数少。重复几次，可发现每次实验所得到的小球分布曲线基本相同，曲线之间略有差异。这表明大量随机事件的整体特征有一定的规律性，这就是统计规律，各次实验结果之间的偏差就是统计规律的涨落现象。

本实验是麦克斯韦速率分布的模拟实验，在伽尔顿板上有铁钉点阵，在点阵下方设置接受隔槽，每个隔槽接收的落球数量与水平位置的高度有关。隔槽接收落球数量反映落球按水平方向速度的概率密度分布。小球集中在存储室里，由下方小孔落下，形成不对称分布落在下方隔离槽内，当小球全部落下后，便形成对应温度—速率分布曲线。

【讨论与思考】

1. 为何统计规律对大量偶然事件才有意义？
2. 讨论有奖游戏机（赌博机）的设计原理。

【备注】

注意抽动隔板的力度要适当，从而能使全部小球落下来。

实验 1.31　斯特林热气机

【演示现象】

点燃酒精灯加热工作气体，可以发现活塞会推动轮子转动起来。

【演示装置】

斯特林热气机，如图 1.31 所示。

【原理及现象分析】

斯特林发动机是通过气体受热膨胀、遇冷压缩而产生动力的，它是一种外燃发动机。它的主要工作过程是：首先使燃料连续地燃烧，然后蒸发的膨胀氢气（或氦气）作为动力气体使活塞运动，最后膨胀气体在冷气室冷却，不断反复地进行这样的循环过程。其有效效率一般介于汽油机与柴油机之间。

图 1.31　斯特林热气机

由于它是通过气缸内的工作介质（氢气或氦气）经过冷却、压缩、吸热、膨胀为一个周期的循环来输出动力，因此又被称为热气机。外燃机可以有效避免传统内燃机的震爆做功问题，从而实现了高效率、低噪音、低污染和低运行成本。

【讨论与思考】

1. 热力循环可以分为定温压缩过程、定容回热过程、定温膨胀过程、定容储热过程四个过程,试根据上述循环过程计算斯特林热气机的效率。

2. 目前已设计制造的热气机有多种结构,可利用各种能源,已在航天、陆地、水面和水下等各个领域进行应用。热气机的功率传递机构分为曲柄连杆传动、菱形传动、斜盘或摆盘传动、液压传动和自由活塞传动等。试讨论目前热气机的应用领域。

【备注】

注意酒精灯的安全使用;保持实验环境无其他因素影响。

实验 1.32　单缝衍射

【演示现象】

打开激光光源,调节激光束使它能照亮宽度可以调节的单缝,在离单缝较远处(满足远场条件)放一屏,在屏上可观察到夫琅禾费单缝衍射条纹。它是一组非均匀分布的明暗相间条纹,中央明纹的宽度是其余明纹宽度的两倍,明条纹级次越高亮度越弱。改变单缝宽度,可观察到衍射条纹发生变化,即缝宽缩小,中央明纹反而变宽,且衍射条纹向两旁扩展;缝宽扩大,中央明纹反而变窄,衍射条纹向中央收缩。

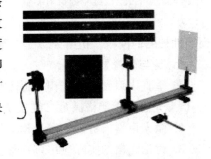

图 1.32　单缝衍射装置

【演示装置】

激光光源,单缝(可调缝宽),屏,如图 1.32 所示。

【原理及现象分析】

光在传播过程中,遇到小障碍物(与光的波长差不多)可绕过障碍物,偏离直线传播进入几何阴影区,在屏上形成明暗相间条纹。这种现象称为衍射现象。根据惠更斯-菲涅耳原理,当一束平行光照射到单缝时,缝上各点都可看成发射球面波的子波源,每一波源都向各方向发射子波,因此光波的传播方向会发生变化。同时,各点发射的子波在相遇区域相干叠加,因此会在屏上形成光强非均匀分布的明暗相间的衍射条纹。

【讨论与思考】

1. 如何用惠更斯-菲涅耳半波带理论解释实验现象?
2. 讨论机械波和光波的衍射现象。

【备注】

注意操作安全,避免激光直射人眼。

实验 1.33　一维、二维光栅衍射

【演示现象】

打开激光光束,使激光光束垂直照射到一维光栅上,此时在屏上可看到光栅衍射图样,

即在宽阔的暗弱背景上,分布着强度不等的细而锐利的亮条纹,在某些方向还出现缺级。当光栅上的狭缝是等宽等间隔时,衍射图样上亮条纹极大值的位置保持不变,但随着狭缝数目的增加,亮条纹的宽度变窄、亮度增加,条纹间距增大。若把一维光栅换成二维正交光栅,则在屏上形成二维正交的衍射亮点。将激光光束垂直照射到双圆孔上,则在屏上形成双孔干涉和圆孔衍射的叠加图样。改用不同间距的双圆孔,衍射图样发生变化,且当圆孔间距减小时,中央亮斑变小,条纹间距变大。

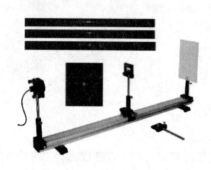

图 1.33　一维、二维光栅衍射装置

【演示装置】

激光光源,不同缝数的一维光栅、二维正交光栅,不同间距的双圆孔,屏,如图 1.33 所示。

【原理及现象分析】

光栅是由一组相互平行等宽、等间隔的狭缝组成的。光栅衍射图样是由每一条狭缝的单缝衍射和各狭缝衍射光波的相互干涉形成的总效果。光栅衍射是多条单缝透射光波的相干叠加,其衍射条纹细窄而明亮;当同时满足光栅明纹条件和单缝暗纹条件时,将出现缺级现象。二维正交光栅由两片交叉的一维光栅组成,是周期性排列的网格。衍射光斑是二维正交的衍射亮点。

【讨论与思考】

1. 垂直入射到正交光栅平面上的激光束经过光栅衍射投射到与一光栅平面平行的屏上,衍射光斑是否严格满足二维正交点阵,相邻衍射斑间距相同吗?

2. 激光束斜入射到二维光栅上,衍射光斑与垂直入射时有什么区别?

3. 讨论光栅的实际应用,分析光栅光谱仪的工作原理。

【备注】

注意操作安全,避免激光直射人眼;保持光栅上的狭缝等宽、等间隔。

实验 1.34　偏振片的起偏和检偏

【演示现象】

把一个偏振片(起偏器)放在自然光光源后,并在屏上观察透射光强,旋转偏振片的偏振方向,发现屏上光强没有变化;再插入一个偏振片(检偏器),旋转检偏器的偏振方向,发现屏上光强不断变化;并且当两个偏振片的偏振化方向垂直时,没有光透过;当两个偏振片的偏振化方向平行时,透射光最强。

【演示装置】

自然光光源,偏振片(两个),屏,如图 1.34 所示。

【原理及现象分析】

偏振片是利用晶体的二相色性原理而制成的光学元件,它只让某一方向(偏振方向)振动的光通过,而吸收其他方向的光振动。当自然光(光强为 I_0)经过偏振片(起偏器)时,能量损失一半,而成为线偏振光$\left(\text{光强为 } I_1 = \frac{1}{2}I_0\right)$。线偏振光通过偏振片(检偏器)时,通

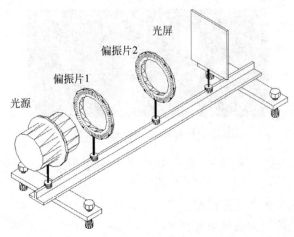

图 1.34 偏振片的起偏和检偏

光状态与偏振片的偏振方向和线偏振光的偏振面的夹角 α 有关,转动偏振片可看到透过光强呈正弦规律变化,即光强满足马吕斯定律 $I_2 = I_1 \cos^2 \alpha$,据此可用偏振片来检验线偏振光。

【讨论与思考】
1. 如何检验自然光、圆偏振光?
2. 分析讨论偏振器件的起偏原理。

【备注】
偏振片(起偏器)、自然光光源、旋转偏振片要在同一水平高度上。

实验 1.35 反射光、折射光的偏振

【演示现象】
自然光入射到玻璃片堆上发生反射,反射光通过偏振片,旋转偏振片的偏振方向,可以发现屏上光强发生变化,出现光强极大、极小,但无消光的现象;调节玻璃片堆与入射光的夹角,使入射角约为布儒斯特角,旋转偏振片的偏振方向,可以发现屏上光强发生变化,同时出现光强极大和消光现象。用偏振片测折射光的偏振性,旋转偏振片的偏振化方向,可以发现屏上光强发生变化,出现光强极大、极小,但无消光的现象;调节玻璃片堆与入射光的夹角,旋转偏振片的偏振化方向,可以发现屏上光强发生变化,出现光强极大、极小,仍无消光现象。

【演示装置】
自然光光源,玻璃片堆,偏振片,屏,如图 1.35 所示。

【原理及现象分析】
自然光在两种各向同性介质的分界面上反射时,偏振状态要发生变化。当入射角的正切等于界面两侧介质的折射率之比时,即 $\tan i_0 = \dfrac{n_2}{n_1}$,偏振面与入射面重合的光波将无反射的全部折射到第二种介质,此时的入射角称为布儒斯特角。当自然光以布儒斯特角入射时,

图 1.35 反射光、折射光的偏振演示仪

反射光将是光振动与入射面垂直的完全偏振光,这就是反射起偏的原理。

【讨论与思考】

1. 如何测量不透光物体的折射率?
2. 摄影中如何消除橱窗的反射光?

【备注】

保持光学镜面的干净整洁。

第 2 章

实验室演示实验

实验 2.1 科里奥利力

【演示现象】

当转盘静止时,质量为 m 的小球沿轨道下滑,其轨迹沿圆盘的直径方向,此时不发生任何的偏离;当转盘以角速度 ω 转动时,小球沿轨道下滑到圆盘,它将偏离直径方向运动。如果圆盘从上向下看逆时针方向旋转,即 ω 方向向上,当小球向下滚动到圆盘时,小球将偏离圆盘的直径方向,而向前进方向的右侧偏离;如果圆盘从上向下看顺时针方向旋转,即 ω 方向向下,当小球向下滚动到圆盘时,小球向前进方向的左侧偏离。

【演示装置】

科里奥利力演示仪,如图 2.1 所示。

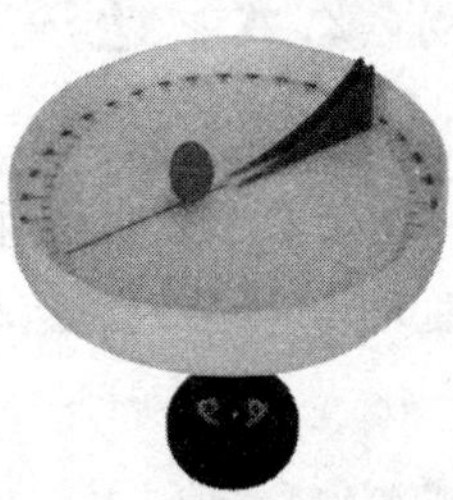

【原理及现象分析】

当小球在转动的圆盘上运动时,以盘为参考系,小球会受到惯性力。其中一部分是与小球的相对速度有关的横向惯性力,称为科里奥利力,其表达式为

$$F = 2m\boldsymbol{v} \times \boldsymbol{\omega}$$

图 2.1 科里奥利力演示仪

其中 m 为小球的质量,v 为小球相对于圆盘的速度,ω 为转盘旋转的角速度。

【讨论与思考】

1. 科里奥利力与惯性离心力有什么区别?
2. 在北半球,若河水自南向北流,则东岸受到的冲刷严重,试由科里奥利力进行解释。若河水在南半球自南向北流,哪边河岸冲刷较严重?
3. 讨论南北半球热带风暴及季风方向。

实验 2.2 傅科摆

【演示现象】

用未经扭曲过的尼龙钓鱼线,悬挂摆锤,在摆锤底部装有指针。当摆静止时,在它下面的地面上,固定一张白卡片纸,上面画一条参考线。把摆锤沿参考线的方向拉开,然后让它往返摆动。几小时后,摆动平面就偏离了原来画的参考线。这是由于摆锤下面的地面随着地球旋转而产生的现象。

【演示装置】

傅科摆,如图2.2所示。

【原理及现象分析】

由于地球的自转,在地球表面运动的物体都会受到科里奥利力的作用。傅科摆摆动平面的旋转方向,在北半球为顺时针,在南半球为逆时针。傅科摆在两极处的旋转周期为24h,在纬度为40°的地方的旋转周期为37h,而在赤道上则不旋转。

显然,傅科摆的摆线越长,摆锤越重,实验效果越好。因为摆线长,摆幅就大,因此周期也长,即便摆动不了几次(来回摆动1、2次)也可以察觉到摆动平面的旋转;摆锤越重,摆动的能量越大,越能维持较长时间的自由摆动。

【讨论与思考】

1. 傅科摆放置的位置不同,摆动情况也不同。在北半球时,傅科摆摆动平面为何顺时针转动;在南半球时,它的摆动平面为何逆时针旋转?在赤道上,为何不旋转?

2. 讨论列举出物理学史上比较著名的经典实验。

图2.2 傅科摆

实验2.3 逆风行舟

【演示现象】

在水盆中放置好帆船模型,打开电风扇开关,适当调整帆的方向,当风向与帆面成一定角度时,帆船会逆风运动。

图2.3 逆风行舟

【演示装置】

帆船模型,风扇,如图2.3所示。

【原理及现象分析】

船可以逆风而行是因为风对船帆有作用力,且因帆的形状不同作用力方向也不同,因此只要调整好适当的帆形,船就可以逆风前进了。

船底有龙骨。它的作用是使船的侧阻力很大,即使有力从侧面作用于船时,水的阻力也总能将它相抵消,因此船不会向侧面运动。风吹到斜帆上,侧帆给它以冲量使它具有沿直帆向船后的动量。风对斜帆的冲量可分解为两个分量,其中一个分量被龙骨阻力抵消,另一分量将作用在船上使得其逆风行进。

【讨论与思考】

1. 帆的形状对帆船运动也有很大影响,如果改变帆的形状,帆船速度能否超过风速?

2. 分析讨论帆船比赛行进路径的选择。

实验 2.4　锥体自由上滚

【演示现象】

把双圆锥体放在 V 字形轨道的低端(即闭口端),松手后锥体便会自动地滚上这个斜坡,到达一定高度后又向下滚动一段距离再向上滚动,每次滚动的距离逐渐减少,最后双圆锥体停止在高端处(开口端)。

【演示装置】

双锥体,V 字形斜面轨道,如图 2.4 所示。

【原理及现象分析】

自由运动的物体在重力的作用下总是平衡在重力势能极小的位置。如果物体在重力场中未处于重力势能极小的状态,它将在重力的作用下往重力势能减小的方向运动。锥体在斜双杠上自由滚动的现象,巧妙地利用锥体的形状,将支撑点在锥体轴线方向上的移动(横向)对锥体质心的影响同斜双杠的倾斜(纵向)对锥体质心的影响结合起来。当横向作用对锥体质心的影响占主导时,甚至会表现为出人意料的反常运动,即锥体会自动滚向斜双杠较高的一端。

图 2.4　锥体自由上滚

【讨论与思考】

1. 试导出密度均匀的锥体上滚时,锥体顶角、导轨夹角与导轨高低端的高度差需要满足的关系?

2. 讨论分析自然界中存在的怪坡现象。

实验 2.5　角动量守恒

【演示现象】

操作者站在转台上,左手持车轮使车轮轴保持水平,右手拨动车轮使它快速转动。然后,操作者双手举起车轮使车轮轴沿竖直方向,此时操作者和转台沿与车轮旋转方向相反的方向旋转,若改变车轮转向,则操作者和转台旋转方向也随之改变。

【演示装置】

转台,车轮,如图 2.5 所示。

【原理及现象分析】

手持车轮的操作者以及他站的转台构成的系统不受对竖直转轴的外力矩作用,因此系统总角动量守恒。在总角动量守恒的前提下,可以通过内力矩的作用使构成物体系统的各部分的角动量的大小和方向发生变化。当操作者站在转台上手持转动的车轮,并改变车轮的方位时,为保持系统的角动量守恒,操作者和转台的旋转方向

图 2.5　角动量守恒

应与车轮旋转方向相反。

【讨论与思考】
1. 不借助外力,人站在转台上能否旋转?
2. 讨论分析直升机的螺旋桨设计。

实验 2.6　伯努利悬浮器

【演示现象】
首先,打开伯努利悬浮器箱体上的电源开关,用手感受一下喇叭向外喷出的气流。然后,托起小球靠近喇叭中心,当放至某一位置时小球被牢牢吸住。最后,关闭电源,小球落下。

【演示装置】
伯努利悬浮器演示仪,如图 2.6 所示。

【原理及现象分析】
根据伯努利原理,喇叭向外喷出的高速气流,会使小球顶部的空气流速变大,压强变小;小球的底部空气流速变小,压强变大。因而,气球顶部与底部之间存在压强差造成对小球向上的推力。当此推力与小球的重力达到平衡时,小球就能够悬浮在空中。

【讨论与思考】
1. 如果将小球略微偏离喇叭中心,小球是否能够自动回位?原因是什么?
2. 分析喷雾器的工作原理,并讨论足球运动中踢出香蕉球的因素。

图 2.6　伯努利悬浮器演示仪

实验 2.7　载流导线弦驻波

【演示现象】
调节固定端滑块,测出金属弦线两端的距离 L;固定砝码,保证弦线中有一定的张力;把永久磁铁放在导线中点下面;开启电源开关,由小到大缓慢调节频率,当频率适当时便会在导线上形成驻波;分别调出一个、三个、五个波腹,验证此时的频率是否满足 $\nu_1:\nu_3:\nu_5=1:3:5$。

【演示装置】
载流导线弦驻波演示仪,如图 2.7 所示。

图 2.7　载流导线弦驻波演示仪

【原理及现象分析】
驻波是由两列频率、振动方向和振幅均相同,但传播方向相反的行波叠加而成的。驻波的波形曲线分为很多"小段"(每小段的长度为 λ/2),同一小段中的各质元振动相位相同,相邻分段中的质元振动相位相反。

本实验演示装置是载有交流电的金属弦线,弦线两端以一定的张力固定,相距 L。在固定的磁场中此弦线受到安培力的作用而振动,即弦线在周期性的横向外力作用下形成驻波。因弦线张力固定,所以调节电流的频率可以改变横波的波长,当弦线的长度等于半波长的整数倍时,可形成稳定的驻波。

【讨论与思考】

1. 在实验中,波速是多少?你能说明波速与频率无关吗?若固定频率而改变弦线张力,情况会怎样?永久磁铁放在导线的中点能否形成两个波腹的驻波?为什么?若放在两端呢,会出现什么情况?

2. 分析讨论吉他演奏中的驻波现象。

【备注】

实验完毕,将频率旋钮调到最小,关闭电源。

实验 2.8　昆特管

【演示现象】

先将信号源电压输出调至最低,随后打开信号源。当调节电压输出到适当值,信号频率调至某一参考值附近时,不断调节频率微调旋钮直至管内形成驻波。此时能看到管内激起的片状油花(若现象不明显可适当增大电压值);不断改变参考频率,依次观察在各参考频率下管内出现驻波的情况;不断改变电压幅值,依次观察在不同电压幅度下驻波振幅的变化情况。

【演示装置】

昆特管,如图 2.8 所示。

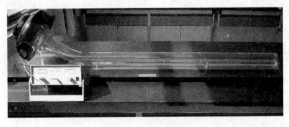

图 2.8　昆特管

【原理及现象分析】

声波在空气中传播时,入射波和反射波叠加形成驻波,在驻波的波腹处,球形微粒被激起,形成浪花。在驻波中,波节点始终保持静止,波腹点的振幅最大,其他各点以不同的振幅振动。所有波节点把媒质划分为 $\frac{1}{2}$ 波长的许多段,每段中各点振幅虽不同,但相位皆相同,而相邻段间的相位则相反。因此,驻波实际上就是分段振动现象,在驻波中没有振动状态和相位的传播,故称为驻波。

【讨论与思考】

1. 如果昆特管的地面是平的，那么看到的图案将有何不同？开口式的共振与闭口式的共振有何不同？若昆特管的两端都是开口的，那么管中还会形成驻波图案吗？请阐述你的理由。

2. 讨论分析用昆特管测量声波波速的原理。

【备注】

改变频率之前需先降低输出电压，调好频率后再增大电压，以免声音太大。需要注意的是，声波是一种纵波，观察纵波的驻波现象。

实验 2.9　声悬浮

【演示现象】

将仪器放置于独立实验桌上，接通电源；调节功率计上的频率旋钮，缓慢增大输出幅度，听扬声器有无杂音。此时观察谐振管内圆球，可以发现圆球悬浮于管中一定位置，并不停地飘动。调节不同的频率重复上述操作，发现不同频率下，圆球飘浮高度不同。

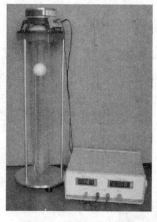

图 2.9　声悬浮演示仪

【演示装置】

声悬浮演示仪，如图 2.9 所示。

【原理及现象分析】

声波是经典物理学长期研究的对象，并由此揭示了一般纵波的各种振荡、波动、传输特征。声悬浮现象在金属无接触悬浮熔炼、晶体悬浮生长领域得到了重要的应用。

单一频率的声波在谐振腔内传播时，其入射、反射两列波相干形成驻波，驻波振幅在谐振腔内相对空间位置呈周期性地由极大到零，再到极大的分布，且相邻极大值或零处之间的距离均为该声波的半波长。当声波谐振腔的长度恰好是该声波的整数倍时将产生谐振。在波源强度不变、频率不变的条件下，谐振腔内产生稳定的驻波现象。在谐振腔内某一位置放置一圆球，当其受到的上下两面压力之差足以抵消其自身重力时，该圆球会被悬浮起来。

【讨论与思考】

1. 悬浮物的质量与声波的物理性质是什么关系？

2. 讨论超声悬浮的应用。

【备注】

不宜将输出幅度长时间调节在最大输出的一半以上。

实验 2.10　弹簧片的受迫振动与共振

【演示现象】

将仪器放置在水平桌面上，接通电源，不断调节电源电压，使电机转速逐渐增大，此时可观察到弹性刚片从长到短逐个振动。在这个过程中，可观察到同一弹性刚片在不同频率时朝两个方向的振动情况,还可以发现一个方向上会出现两次振动并观察比较振动时的振幅。当调节到一定频率时(调节电压),在较长的刚片中可观察到驻波现象。

【演示装置】

共振演示仪,如图 2.10 所示。

【原理及现象分析】

一个振动系统,如果没有能量的不断补充,振动最终会停下来。因此,为了获得稳定的振动,通常要对系统加一个周期性的外力,这个力称为策动力。在周期性的策动力作用下的振动为受迫振动。理论计算表明,受迫振动在稳定后的振动频率与策动力的频率相同。受迫振动振幅与策动力的频率有关系。策动力的频率公式

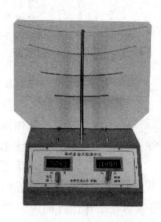

$$\omega = \sqrt{\omega_0^2 - 2\beta^2}$$

式中,ω_0 为系统固有频率,β 为阻尼系数。当策动力的频率满足上式时,则系统振幅达到最大,称为共振。

图 2.10 共振演示仪

一般因为阻力很小,所以共振的条件可以近似写为

$$\omega = \omega_0$$

即当策动力的频率与固有频率相同时产生共振现象。系统的固有频率一般与系统的弹性系数和惯量有关。在惯量相同的情况下,弹性越大,固有频率越大;在弹性相同时,惯量越大,固有频率越小。所以,由同种材料做成的截面相同的弹簧片,长度越长的固有频率反而越小。

【讨论与思考】

1. 固有频率与系统的弹性系数和惯量有怎样的关系?
2. 讨论防止摩天大楼摆动的问题。

【备注】

由于电机的最大额定电压为 24V,因此切记调节输出电压时不要超过 24V,以免损坏电机。

实验 2.11 磁单摆混沌实验

【演示现象】

将小球拉离平衡位置,当超出正三角形区域后,释放小球使其摆动。此时小球将在三个磁铁的磁场作用运动,可以发现其轨迹呈现混沌现象。在有机玻璃盘上贴上方格纸,可绘制出小球开始摆动的位置和摆动的轨迹。

【演示装置】

磁混沌摆,如图 2.11 所示。

【原理及现象分析】

混沌理论是抽象的,而混沌现象却是普遍的。在许多非线性系统中,都存在着混沌现象,例如非线性振荡电路、受周期力(驱动力和阻尼力)作用的摆、湍流、激光运行系统、超导约夫森系统等。如图 2.11 所示,三个圆形磁铁分布在一个平面内,位于正三角形的三个顶

图 2.11 磁混沌摆

点上,磁铁中心至三角形中心的距离为 50mm,磁铁直径为 35mm,厚度为 4mm,表面磁感应强度相近,为 0.25T 左右。磁铁的 S 极均向上。上述正三角形的中心上方悬挂一钢质小球,小球在三个磁铁的磁场作用下运动,其运动轨迹出现混沌现象,即小球的摆动处于貌似无序和有序、有规律和无规律的游荡状态。略有不同的初始位置及微小扰动的冲量,都将使小球的运动轨迹难以预测,在时间先后及空间位置上呈现大相径庭的运动轨迹。

拉开小球到某个特定位置,小球开始向左摆还是向右摆的机会是相同的。在由上述磁铁组成的三角形平面内,存在着一些磁铁对小球水平作用力为零的位置,这些磁场作用力相等的位置可以连成几条不稳定线,其图形称为"美茜蒂丝-本茨星"。小球在通过由磁铁组成的三角形平面时,将受到的磁场力的作用;而由磁铁做成的不均匀磁场及小球位置能影响磁场强度分布,因而它的运动轨迹是不可预测的。对混沌现象的研究可以揭示隐藏在其背后的简单规律,所以对其进行深入研究是很有意义的。

【讨论与思考】

1. 若小球的初始位置相同,其运动轨迹一样吗?
2. 讨论自然界的混沌现象。

实验 2.12　静电摆球

【演示现象】

打开电源,金属小球仍处在中央位置。用绝缘棒使金属小球接触正极板后,立即拿开绝缘棒,金属小球被来回地推向负极板和正极板,循环往复。关闭电源,振荡逐渐减缓,最终停止。

【演示装置】

静电摆球演示仪,如图 2.12 所示。

【原理及现象分析】

打开电源时,涂有金属层的乒乓球的两边分别感应出等量的异号电荷。由于球面上正负电荷分布的相似性,乒乓球受正极板的吸引力和受负极板的吸引力相等,因此乒乓球仍处在中央位置。当用绝缘棒迫使乒乓球接触正极板时,乒乓球上的负电荷被中和掉,留下正电荷,并有更多正电荷从正极板转移到乒乓球上。由于同种电荷相斥,因此乒乓球被推向负极板。当乒乓球接触到负极板时,乒乓球上的正电荷被中和掉,负电荷又从负极板转移到乒乓球上,因此它又被推向正极板,如此循环往复。

【讨论与思考】

1. 若乒乓球的表面未涂金属层,仍能观察到此现象吗?
2. 分析讨论小球运动过程中的受力情况。

图 2.12　静电摆球演示仪

实验 2.13 手触式蓄电池

【演示现象】

当用双手分别按住一块铝板和一块铜板时,此时电流计指针向一个方向偏转。当把铝板及铜板与电流计接线柱的接线换接,再用双手分别按住一块铝板和一块铜板,此时电流计指针向另一个方向偏转。当双手分别按住两块铝板(或铜板)时,此时电流计指针不偏转。

图 2.13 手触式蓄电池

【演示装置】

手触式蓄电池,如图 2.13 所示。

【原理及现象分析】

当用双手分别按住铝板和铜板时,电流计指针偏转,这表明电路中产生了电流。人手上带有汗液,而汗液是一种电介质,里面含有一定量的正负离子。由于铝板比铜板活泼,因此铝板上汗液中的负离子会发生化学反应,而把外层电子留在铝板上,使铝板集聚大量负电荷,铜板上集聚大量正电荷。当用导线把铜板和铝板连接起来时,铝板上的电子通过电流计向铜板移动,从而在导线中形成电流,故电流计指针偏转。

【讨论与思考】

1. 为什么两手越湿润时,指针偏转的格数越多?
2. 如何自制一个简易测谎仪?

实验 2.14 滴水自激感应起电

【演示现象】

首先将验电器和一个金属锅相连,然后慢慢打开阀门,使三通玻璃管口形成水滴流,不一会儿就可观察到验电器因带电而张开。随后用手指拿住试电笔氖管的一端,用另一端接触任一金属锅,可以发现氖管发光,由闪光发生在氖管的哪一极上可判断金属锅带何种电荷。若闪光出现在与手接触的一端,则被测的带电体带正电,否则带负电;用高压静电电压表测两金属锅之间的电压,可测到 8000V 以上的高压。

【演示装置】

滴水自激感应起电装置,如图 2.14 所示。

【原理及现象分析】

滴水自激感应起电仪是通过水滴流动与玻璃管摩擦起电,静电感应出的电荷循环堆积,使得所带电荷量越来越多,而产生越来越高的电位差的静电起电装置。本实验的原理是静电感应。若由于偶然因素(空气中带电粒子附着的涨落或水滴离开管时的摩擦)使某一金属锅带电,则由于静电感应,会使滴入该锅的水滴带同号电荷,这种正反馈过程在水滴不断滴入两锅时使两锅的电位差不断升高,甚至可达数万伏。

图 2.14 滴水自激感应起电装置

【讨论与思考】
1. 如何使滴水自激感应起电装置快速产生静电？
2. 讨论分析生活中的静电现象。

实验 2.15　静电场中的导体

【演示现象】
将静电高压电源的正负极分别接在两块带丝线的导体板上，随两板电量增加，两金属板上丝线相互吸引、平行排列；给形状不同的导体带电，丝线张角不同，并且导体曲率越大丝线张角越大。

图 2.15　静电场中的导体

【演示装置】
有机玻璃支架、带有丝线的各种形状的导体、静电高压电源，如图 2.15 所示。

【原理及现象分析】
静电场中的导体是个等势体，导体内部场强处处为零，导体表面场强垂直表面向外。电荷都分布在导体外表面，表面场强大小与表面电荷密度有关。导体曲率越大，电荷面密度越大，场强也越大，所以丝线张角也越大。

【讨论与思考】
讨论静电场中导体的性质，以及如何利用导体性质设计电场。

实验 2.16　怒发冲冠

【演示现象】
参与者站在绝缘台上，并将手搭在高压静电球上。演示者按下电源开关，逐步增大电压，即可看到站在绝缘台上的参与者，在静电斥力的作用下头发竖立起来，显示出"怒发冲冠"的情景。

【演示装置】
高压静电发生器、高压静电球和绝缘台，如图 2.16 所示。

【原理及现象分析】
静电具有沿尖端放电和同性相斥的特性。人体加高压后，人体的头发相当于许多尖端，聚集的电荷也最多，又因为同种电荷相斥，因此头发散开并竖起。同时由于参与者站在绝缘台上，始终处于等电势状态，所以不会发生触电伤害。

图 2.16　怒发冲冠

【讨论与思考】
1. 手持尖形金属会发生什么现象？
2. 分析范德格拉夫起电机及特斯拉线圈产生静电

高压的工作原理。

【备注】

开启电源后,其他人员切不可接触参与者!

实验 2.17　高压带电作业

【演示现象】

人站上操作台,将金属钩与铜导线挂好,开启高压电源,人手触摸导线,没有发生触电现象。手拿金属钩的绝缘手柄离开导线,金属钩与导线在一定距离内发生放电,在保持金属钩与导线发生放电距离内左右移动金属钩,会产生连续放电的奇妙现象。

图 2.17　高压带电作业演示仪

【演示装置】

高压带电作业演示仪,如图 2.17 所示。

【原理及现象分析】

带电作业的基本原理是等电势。高压带电作业演示装置用导线把人站的台子、电源、金属钩构成一个等势体。当金属钩与铜导线挂好,带电导线也与人、台子、电源、金属钩构成一个等势体,所以人触摸导线是没有危险的。当金属钩离开带电导线,带电导线与金属钩等形成电势差,由于装置产生的是静电高压,所以击穿空气产生放电现象。

带电作业是指在高压电气设备上不停电进行检修、测试的一种作业方法。带电作业的内容可分为带电测试、带电检查和带电维修等几方面。带电作业根据人体与带电体之间的关系可分为三类:等电位作业、地电位作业和中间电位作业。本实验采用等电位作业,技术规范要求:流经人体的电流不超过人体感知水平 1mA;人体体表场强至少不超过人的感知水平 2.4kV/cm;保持距离大于可能导致对人身放电的那段空气距离。

【讨论与思考】

1. 本实验中为什么高压对人体没有影响?
2. 讨论实际电力工作者带电作业的物理原理。

【备注】

演示完,一定挂好金属钩,关闭电源,再离开操作台。

实验 2.18　涡电流的热效应

【演示现象】

通电后,环槽中的涡流产生热效应,使环槽发热,结果观察到蜡在环槽中溶化。

【演示装置】

含铁芯线圈、闭合铝环槽、蜡烛、交流电源,如图 2.18 所示。

图 2.18　涡电流的热效应

【原理及现象分析】

当线圈通以交流电时,穿过闭合环槽中的磁通量发生变化,由楞次定律及互感现象可知,环槽中会形成涡旋电场,从而产生涡旋电流,若槽中放有固态的蜡,则涡电流的热效应将使蜡熔化。

【讨论与思考】

涡旋电场的物理性质是什么?它与静电场有什么异同点?

实验 2.19　热电偶

【演示现象】

点燃酒精灯后,热电偶将产生电动势形成电流,电流产生的磁场吸住挂钩,从而使得挂钩下面可以加几千克的砝码。

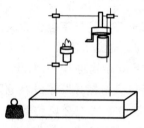

图 2.19　热电偶演示仪

【演示装置】

热电偶演示仪,如图 2.19 所示。

【原理及现象分析】

当由两种不同的导体或半导体 A 和 B 组成一个回路,且两端相互连接时,只要两结点处的温度不同,一端温度为 T,称为工作端或热端,另一端温度为 T_0,称为自由端(也称为参考端)或冷端,回路中将产生一个电动势,该电动势的方向和大小与导体的材料及两结点处的温度有关。这种现象称为热电效应,两种导体组成的回路称为热电偶,这两种导体称为热电极,产生的电动势则称为热电动势。热电动势由两部分电动势组成,一部分是两种导体的接触电动势,另一部分是单一导体的温差电动势。

【讨论与思考】

热电偶作为传感器,有哪些种类以及应用领域?

【备注】

热电偶回路中热电动势的大小,只与组成热电偶的导体材料和两结点的温度有关,而与热电偶的形状和尺寸无关。当热电偶两电极材料固定后,热电动势便是两结点温度的函数差,这一关系式在实际测温中得到了广泛应用。因为冷端恒定,热电偶产生的热电动势只随热端(测量端)温度的变化而变化,即一定的热电动势对应着一定的温度。我们只要用测量热电动势的方法就可达到测温的目的。

实验 2.20　磁致伸缩

【演示现象】

首先调节激光光束,使其射到光杠杆的小镜片上,此时可在接收屏上看到激光光斑。随后,接通螺线管的电源,此时可在屏上看到光斑的移动。

【演示装置】

磁致伸缩演示仪,如图 2.20 所示。

【原理及现象分析】

铁磁质磁畴中磁化方向的改变会引起介质中晶格间距的改变,从而伴随着磁化过程,使得铁磁体发生长度和体积的改变,这种现象叫作磁致伸缩。磁致伸缩效应一般很小,只有 10^{-5} 的数量级,难于直接观察。调节激光光束,使其射到光杠杆的小镜片上,此时可在接收屏上看

图 2.20 磁致伸缩演示仪

到激光光斑,当接通螺线管的电源后,管内镍丝或铁丝在磁场作用下将发生伸缩现象,带动铁片向上或向下移动,从而带动光杠杆移动,因此在屏上就可看到光斑的移动。

【讨论与思考】

磁致伸缩材料有哪些优点?

【备注】

由于磁致伸缩材料在磁场的作用下,其长度会发生变化,可发生位移而做功或在交变磁场作用下发生反复伸长与缩短,从而产生振动或声波,因此这种材料可将电磁能(或电磁信息)转换成机械能或声能(或机械位移信息或声信息),相反也可以将机械能(或机械位移与信息)转换成电磁能(或电磁信息)。它是重要的能量与信息转换功能材料,在声呐的水声换能器技术、电声换能器技术、海洋探测与开发技术、微位移驱动、减振与防振、减噪与防噪系统、智能机翼、机器人、自动化技术、燃油喷射技术、阀门、泵、波动采油等诸多高新技术领域有广泛的应用前景。

实验 2.21 电磁波发射、接收与趋肤效应

【演示现象】

1. 电磁波的发射与接收

首先,将发生器与整流器连接好,并接通电源。随后,将带小灯泡的接收天线平行地靠近发射器的发射天线,并调节发射器的可变电容器,使得其发射频率等于或接近接收器的固有频率,此时接收器的小灯泡最亮。最后,将接收天线分别在水平与竖直方向上各扭转 90°,使得它在两个平面上分别与发射天线各垂直一次,此时灯泡均不亮,说明电磁波是横波。

2. 趋肤效应现象

首先将一节电池正负极分别接在铜棒上,并串入开关。当接通开关时,两个电灯泡亮度相同,证明铜棒的中心部位和表面的直流电阻相等,电灯泡亮度一样,然后切断开关。再将米波发生器接上电源,使之产生电磁波,同时将米波发生器靠近趋肤效应扬声器,即可看到,与铜棒表面部位相接的电灯泡很亮,接在中心部位下面的电灯泡很暗,超高频电流在铜棒表面流通,证明超高频的电磁波确有趋肤效应。

【演示装置】

电磁波发射、接收与趋肤效应演示仪,如图 2.21 所示。

图 2.21 电磁波发射、接收与趋肤效应演示仪

【原理及现象分析】

麦克斯韦电磁理论指出,变化的电场产生变化的磁场,变化的磁场产生变化的电场,变化电场与变化磁场的交替激发形成电磁波的传播,电磁波是横波。本实验演示装置的接收天线具有固定的接收频率和产生感应电流的方向,调节发射器的可变电容器就调节了发射电磁波的频率与接收频率匹配。当导体中有交流电或者交变电磁场时,导体内部的电流分布不均匀,电流集中在导体的"皮肤"部分,也就是说电流集中在导体外表的薄层,越靠近导体表面,电流密度越大,这一现象称为趋肤效应,越高频的电磁波在导体内产生的趋肤效应越明显。

【讨论与思考】

宇宙间的信息传递为什么必须用电磁波?高频天线为什么有时要做成空心的?

实验 2.22 电磁炮

【演示现象】

将金属弹丸从炮管尾部放入炮管中,按下启动按钮即可看到炮弹从炮管中发射出来。

【演示装置】

电磁炮,如图 2.22 所示。

【原理及现象分析】

电磁炮是利用电磁力代替火药爆炸力使炮弹加速的电磁发射系统,它主要由电源、高速开关、加速装置(加速线圈)和炮弹四部分组成。加速线圈固定在炮管中,当炮管中的线圈通入瞬时强电流时,穿过闭合线圈的磁通量发生变化,由于电磁感应,置于线圈中的金属炮弹会产生感生电流,感生电流的磁场将与通电线圈的磁场相互作用,使金属炮弹远离线圈,而飞速射出。

【讨论与思考】

1. 炮弹速度是由什么因素决定的?
2. 如何自制一个永磁体电磁炮?

图 2.22 电磁炮

【备注】

由于三相交流电有相序之分,若所接相序与本仪器所要求相序不同,则炮弹会向相反的方向运动,发射时请勿站在炮管尾部。仪器应可靠接地,不要长时间频繁通电,防止线圈发热过度,影响使用寿命。不用时请将总电源插头拔掉,切断电源!

实验 2.23 能量转换

【演示现象】

打开电磁控制部分前面板上的开关,使转轮右侧铁芯产生变化的磁场;轻轻转动转轮

(转轮内装有许多永磁铁)使其转起来,经过两磁场的相互作用,转轮越转越快;此时,转轮左侧线圈中发光二极管发光,且随转轮转速的加快变得更亮。

【演示装置】

能量转换轮(包括内嵌多个小磁块的转轮、探测器和电磁控制部分),如图2.23所示。

【原理及现象分析】

能量转化轮演示了电能与磁能、机械能、光能之间的相互转化。给电磁铁通电,电能经电磁铁转换成磁能,即产生交变磁场,转轮内的磁铁在该磁场的磁力作用下带动转轮旋转,磁能又转换成机械能,而转轮的旋转使永久磁铁的固定磁场运动起来,则左侧的闭合线圈产生感应电流,能量又被转换成电能,并通过发光二极管转变为光能。根据能量转换与守恒定律,各能量之间可相互转化,但总的能量不变。由于转轮的转速越来越快,要求电磁铁所产生的交变磁场与转轮同步,因此需要用感应线圈将转轮的转速情况反馈给控制电路。摩擦力的存在最终使转轮达到匀速转动状态。

图2.23 能量转换轮

【讨论与思考】

转轮的转速最后为何能保持恒定?从电路角度讲,反馈控制为正反馈还是负反馈?

【备注】

因有一定的摩擦,因此,开始阶段应给转轮一定的驱动力。易被磁化的物品应远离仪器,如机械手表等。如果转轮转动时系统晃动,请把底座垫平。转轮转动起来后勿用手阻碍其转动。实验完毕,关掉电源。

实验2.24 雅格布天梯

【演示现象】

打开电源开关,可看到高压弧光放电沿着"天梯"从底部向上"爬",同时听到放电声。当上移的弧光消失后,天梯底部将再次产生弧光放电。

【演示装置】

雅格布天梯演示装置,如图2.24所示。

图2.24 雅格布天梯演示装置

【原理及现象分析】

无论是在稀薄气体、金属蒸气或大气中,当回路中电流的功率较大时,能够提供足够大的电流,使气体击穿,伴随有强烈的光辉,这时所形成的自持放电的形式是弧光放电。

雅格布天梯是演示高压弧光放电现象的一种装置,雅格布天梯的两电极构成一梯形的两腰,底部间距小,顶部间距大。由于两电极间具有几万伏高压,且能够提供足够大的电流,在相距较小的底部产生较大场强,因而其底部空气首先被击穿,同时产生光和热,即弧光放电。雅格布天梯的底部产生的电弧加热空气,温度升高的空气较易电离,所以伴随弧光放电产生大量的正负离子,而离子存在的空气击穿场强下降,随着离子热空气上升,其上部的空气也被击穿放电,结果弧光区逐渐上移。这就像圣经中的雅格布(Yacob,以色列人的祖先)梦中见到的天梯一般壮观,故称为雅格布天梯。当弧光区升至一定的高度时,由于两电极间距过大,使两电极间场强太小,不足以引起空气进一步的击穿放电,即两电极提供的能量不足以补充击穿空气时的声、光、热等能量损耗时,弧光熄灭。此时高压再次将电极底部的空气击穿,发生第二轮弧光放电,如此周而复始,形成实验中的现象。

【讨论与思考】

1. 为什么高压弧光放电沿着"天梯"向上"爬"?
2. 讨论一下弧光放电在实际中的应用。

【备注】

在实验中千万做好安全防护,将仪器封闭,尤其是在工作时,不能让人触及仪器;仪器工作时间不能过长,一般不超过 3min,工作时间过长将自动断电进入保护状态,稍等一段时间,仪器恢复后方可继续演示。

实验 2.25　范德格拉夫起电机

【演示现象】

打开起电机电源,导体球上开始带电,随着起电机工作时间的增加,带的电量越来越多。这时手拿验电笔靠近导体球,验电笔氖灯变亮,说明导体球带电;当起电机工作一段时间后,导体球周围产生放电现象。

图 2.25　范德格拉夫起电机

【演示装置】

范德格拉夫起电机,如图 2.25 所示。

【原理及现象分析】

由导体的静电特性和尖端放电现象可知,当导体内部没有净电荷时,电荷只能分布在导体的表面上。范德格拉夫起电机由 50~100kV 的高压直流电源通过放电针尖端放电把电荷转移给传送带(由橡胶或丝织物制成),由电动机拖动传送带,把电荷传送到导体球内部后,由导体球内部的集电针收集电荷输送到金属球壳,带电导体电荷都分布在导体球的外表面上。当起电机工作一段时间后,导体球外表面的电荷不断增加,形成高压,使附近的空气发生电离,产生放电现象。

【讨论与思考】

1. 分析一下静电复印机与范德格拉夫起电机的工作原理。
2. 讨论场离子显微镜(FIM)、场致发射显微镜(FEM)及扫描隧道显微镜(STM)中的尖端放电效应。

【备注】

工作状态时,不要随意触摸金属球,以免自身与地没有绝缘,造成对身体的损害。

实验 2.26 超导磁悬浮

【演示现象】

将液氮放入超导小车内,超导小车用厚度 10mm 的木板垫在强磁轨道上 3~5min,撤去木板,小车悬浮在强磁导轨上;用手沿轨道水平方向轻推小车,同时打开电源使加速磁铁旋转,则看到小车将沿磁轨道做环形运动。轨道上放一张纸,小车没有阻碍地通过。关掉加速电源开关,用手轻压小车和轻拉小车,感到明显的反抗力。当液氮挥发完,温度高于临界温度(大约 90K),小车落到轨道上。

【演示装置】

超导磁悬浮列车演示仪,如图 2.26 所示。

(1) 轨道由两部分组成:磁导轨支架、磁导轨。其中磁导轨是用椭圆形低碳钢板作为磁轭,铺以钕铁硼永磁体,形成磁性导轨,两边轨道仅起保证超导小车运动的磁约束作用。

图 2.26 超导磁悬浮列车演示仪

(2) 超导小车是用高温超导体制成的。它是一种用熔融结构生长工艺制备的,含 Ag 的 YBCO 系高温超导体。之所以称为高温超导体是因为它在液氮温度(77K,即 -196℃)下呈现出超导性,以区别于以往在液氦温度(42K,即 -269℃)以下呈现超导特性的低温材料。

(3) 液氮。

【原理及现象分析】

超导体具有零电阻和完全抗磁的特性。当将一个永磁体移近超导体表面时,因为磁力线不能进入超导体内,所以在超导体表面形成很大的磁通密度梯度,感应出高临界电流,从而对永磁体产生排斥作用。排斥力随着相对距离的减小而逐渐增大,它可以抵消超导体的重力,使其悬浮在永磁体上方的一定高度上。当超导体远离永磁体移动时,在超导体中产生反向的磁通密度,感应出反向的临界电流,对永磁体产生吸引力,从而抵消超导体的重力,使其倒挂在永磁体下方的某一位置上。

【讨论与思考】

1. 超导磁悬浮列车如何加速和制动?
2. 讨论高温超导研究的现状及超导技术的应用。

【备注】

使用液氮时注意做好防护,以免烫伤;强磁导轨脆性大,在外力作用下易碎裂,勿使铁磁性材料靠近强磁导轨!

实验 2.27 热力学第二定律演示(克劳修斯表述)

【演示现象】

开始实验前,整个系统处于热力学平衡状态,全封闭压缩机不工作,卡诺管内的工质呈气体状态,低温热源及高温热源内部压力相同,温度也相同,这些可以从气压计及温度计读出。实验开始后,接通电源,打开电源开关,全封闭压缩机工作,活塞上下推动,高温热源内部压力增加,开始产生高温高压气体,由于存在节压阀,高温高压气体在通过节压阀之前,开始凝结,变成高压液体,内部温度上升,高温热源开始向外界放出热量。用手触摸散热器可以发现,它明显发热,温度可达 40～50℃,又由于节压阀的存在,低温热源内部压力很低,由节压阀过来的工质在其附近变成低压液体,在低温热源处开始蒸发,温度下降,于是低温热源开始从外界吸收热量,蒸发器表面结霜。这以后,卡诺管中的工质又循环流到全封闭压缩机处,再通过压缩机推动活塞工作,开始下一次循环。

【演示装置】

热力学第二定律演示仪,如图 2.27 所示。

【原理及现象分析】

热力学第二定律有两种表述:一种是,热不可能自发地、不付代价地从低温热源传到高温热源(即不可能使热量由低温物体传递到高温物体,而不引起其他变化,这是按照热传导的方向来表述的);另一种是,不可能从单一热源吸热,把它全部变为功而不产生其他任何影响。我们平常所说的高温、低温是人们约定的,而

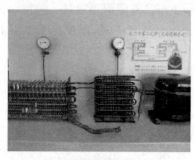

图 2.27 热力学第二定律演示仪

热力学第二定律所说的高温热源或低温热源是以热力学温标为标准来定义的,而热力学温标又是建立于卡诺定理基础上。实验时压缩机工作,活塞上下推动使卡诺管内工质(理想气体)循环流动,于是在高温热源处内部压力增加,温度升高,高温热源对外放热,内部工质经节压阀流向低温热源,而低温热源内部压力低,于是从外界吸收热量,最后工质又流向压缩机,经压缩机开始新的循环。工作过程就是一个卡诺循环过程,主要是由压缩机做功,内部工质的物态发生变化来完成的,这个过程能很好地说明热力第二定律的内容。

【讨论与思考】

1. 在 p-V 图上近似描述该演示的循环过程,该循环效率大约是多少?
2. 分析家用空调机的循环过程。

实验 2.28 热力学第二定律演示(开尔文表述)

【演示现象】

点燃酒精灯,放在橡胶辐条热机下面,火焰加热橡胶辐条,用手轻转车轮,车轮在火焰加热下一直旋转下去。

【演示装置】

橡胶辐条热机,如图 2.28 所示。

【原理及现象分析】

硫化程度较低的天然橡胶分子是网状结构的体形高分子,这种硫化橡胶制品具有很好的弹性和韧性,被拉长的条形硫化橡胶条受热后有收缩现象。利用硫化程度较低的天然橡胶制成转轮的辐条,作为工作物质,在火焰加热下橡胶辐条收缩,当离开火焰时它在室温下又膨胀到原来的状态,橡胶辐条的收缩和膨胀产生的力矩使车轮旋转起来。这相当于从高温热源吸取热

图 2.28 橡胶辐条热机

量,到低温热源放热而对外作功,演示了热力学第二定律的开尔文表述,即"不可能制造这样一种机器,在一个循环动作后,只是从单一热源吸取热量,使之全部变成功,而不产生其他影响"。

【讨论与思考】

1. 在 p-V 图上近似描述该演示循环过程,该循环效率大约是多少?
2. 分析家用冰箱的循环过程。

实验 2.29　记忆合金水车

【演示现象】

保持恒温水浴箱的温度 80℃;将记忆合金水车转轮的一半浸入水浴箱的热水中,用手转动水车轮使记忆合金在热水中都变形一遍,即可观察到转轮转动起来。

【演示装置】

记忆合金水车,如图 2.29 所示。

【原理及现象分析】

记忆合金是在一定的温度下能够恢复其原来形状的金属合金材料。实验装置主要由一个转轮组成,在转轮上的偏心位置布置了一系列记忆合金弹簧。在高于记忆合金的"跃变温度"(约 85℃)的水中,记忆合金产生相变,导致弹簧在热水中缩短,在空气中伸长,从而使得偏心位置布置的记忆合金弹簧对转轮中心的力矩不为零,在此力矩作用下,转轮开始转动起来。

图 2.29　记忆合金水车

【讨论与思考】

1. 单程记忆效应和双程记忆效应有何不同?"记忆合金"一词的含义是什么?记忆合金的记忆与人脑的记忆有何不同?
2. 作为一类新兴的功能材料,形状记忆合金的很多新用途正不断被开发,列举它们在现代技术、航天、医疗等领域的应用。

【备注】

实验用的热水的温度应高于记忆合金的相变温度(约 85℃);实验中使用热水时要小心,不要烫伤;演示完毕后,将记忆合金水车由水中取出放好,千万不要长时间弃置于水中。

实验 2.30　不同尺寸的单缝、单丝、圆孔及圆斑衍射

【演示现象】

使激光光束垂直照射到单缝上,可在屏上观察到一组明暗相间、非均匀分布的衍射条纹。改用不同尺寸的单缝,可观察到衍射条纹的疏密程度发生变化;把单缝换成不透光的单丝,可观察到类似单缝的衍射条纹。使激光光束垂直照射到圆孔上,由于光的衍射,在屏上出现非均匀分布的明暗交替的衍射圆环,中央为亮斑(爱里斑),且当圆孔直径变大时,中央亮斑变小。把圆孔换成不透光的圆斑,在屏上可观察到类似圆孔的衍射条纹。

【演示装置】

激光光源,不同尺寸的单缝、单丝、圆孔、圆斑,屏,如图 2.30 所示。

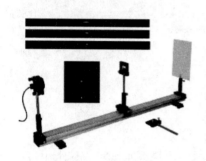

图 2.30　不同尺寸的单缝、单丝、圆孔、圆斑衍射演示装置

【原理及现象分析】

圆孔衍射的原理与单缝衍射相同。根据惠更斯-菲涅耳原理,在光波照射圆孔的某一时刻,屏后任一点的光振动是圆孔上每一点都作为波源激起球面波在该点光振动的相干叠加,从而产生非均匀分布的衍射圆环。当圆孔尺寸减小时,衍射条纹(或圆环)间距增大,衍射现象更加明显。

【讨论与思考】

1. 单缝和单丝衍射图样有什么区别?
2. 用菲涅耳半波带理论讨论泊松亮点。

实验 2.31　双折射现象与双折射的偏振

【演示现象】

方解石晶体被镶嵌在一个不透明的盒中,一边设置一小孔作小孔光阑,出射光径成像透镜使光阑的像成在屏上。当光源发出的光射到方解石晶体上并进入晶体后,分解为 o 光、e 光两束光并从晶体中射出来,在屏上形成两个光斑。以光的传播方向为轴旋转方解石,会发现一个光斑不动,而另一个光点会绕其旋转。不动光斑对应着寻常光,旋转光斑对应着非寻常光。用偏振片可检验两束光的偏振化方向。在光路中垂直插入检偏器(偏振片),旋转偏振片可观察到两个光斑的亮度交替变化,并交替消光,说明它们所对应的光(即双折射的两束光)都是偏振光。实验表明,这两束光的消光位置互相垂直,说明两束光的偏振化方向互相垂直。

【演示装置】

白光光源、数块方解石晶体、偏振片,如图 2.31 所示。

【原理及现象分析】

当光进入各向异性介质(晶体)时,介质中出现两束折射光线的现象叫作双折射。双折射现象具有以下特点:其中一束折射光始终在入射面内,遵守折射定律,称为寻常光,简称

图 2.31　双折射现象与双折射的偏振

为 o 光;另一束折射光一般不在入射面内,不遵守折射定律,称为非寻常光,简称 e 光。光沿晶体的光轴方向传播时,o 光和 e 光不分开,即不发生双折射。晶体中光线与光轴构成的平面称为该光线的主平面。o 光的光振动垂直于自己的主平面,而 e 光的光振动平行于自己的主平面,也就是说,o 光和 e 光都是线偏振光。当光线入射在晶体的某一晶面上时,该晶面的法线与晶体的光轴组成的平面称为晶体的主截面。当入射光线在主截面内时,两折射光线均在入射面内。即在此情况下,入射面、主截面和 o 光、e 光的主平面重合;o 光和 e 光的光振动互相垂直。

【讨论与思考】
1. 方解石越厚，两个光斑分得越开还是越近？
2. 讨论晶体偏光棱镜的制作。

实验 2.32　光测弹性（人工双折射）

【演示现象】
将激光光源、偏振片 P_1、接收屏共轴放置。光源发出的光，经偏振片 P_1 后在屏上产生光斑，旋转偏振片 P_1 后亮度无变化也没有出现消光现象，说明入射光为自然光（检偏）。垂直插入另一块偏振片 P_2，旋转偏振片 P_2，可观察到消光现象，说明经偏振片 P_1 出射的光为线偏光；在偏振片 P_1、P_2（P_1 和 P_2 偏振化方向相互垂直）之间垂直插入有机玻璃试样。由于试样是非晶体，因此在屏上无光出现（不发生双折射现象）；逐渐拧紧螺丝（不要用力过猛，防止试样破碎），就可在屏上见到美丽的色线花纹。可在偏振片 P_2 和接收屏之间放上聚光镜，效果更佳。

【演示装置】
光测弹性演示仪，如图 2.32 所示。

【原理及现象分析】
当光进入各向异性介质时，介质中出现两束折射光线的现象叫作双折射。由于外加机械应力，光学各向同性的媒质变成了光学各向异性的媒质，从而暂时具有了双折射性质，因此在屏上出现色线花纹。

图 2.32　光测弹性演示仪

【讨论与思考】
1. 色线花纹与应力间存在什么关系？
2. 讨论光弹实验在工程中的应用。

实验 2.33　偏振光干涉

【演示现象】
轻轻地从仪器右侧抽出图案板，观察它们，随后放回原处；打开光源，观察到视场中各种图案偏振光干涉的彩色条纹，旋转前面的偏振片，观察到干涉条纹的色彩也随之变化；把 U 形尺插入两偏振片之间，轻轻用手握 U 形尺的开口处，可看到尺上出现彩色条纹的变化，且疏密不等；改变握力，条纹的色彩和疏密分布也发生变化。

图 2.33　偏振光干涉演示仪

【演示装置】
偏振光干涉演示仪，如图 2.33 所示。

【原理及现象分析】
白光光源发出的光透过第一个偏振片后变成线偏振光。线偏振光通过薄膜叠制而成的图案、三角板产生应力双折射,分成有一定相差且振动方向互相垂直的两束光。这两束光通过最外层的偏振片后成为相干光,发生偏振光干涉。

用不同层数的薄膜叠制而成的图案,由于应力均匀,双折射产生的光程差由厚度决定,各种波长的光干涉后的光强均随厚度而变,因此在屏上呈现与层数分布对应的色彩图案。

对于三角板和曲线板,由于厚度均匀,双折射产生的光程差主要与残余应力分布有关,各波长的光干涉后的强度随应力分布而变,则干涉后呈现与应力分布对应的不规则彩色条纹,条纹密集的地方是残余应力比较集中的地方。U形尺的干涉条纹类似于三角板和曲线板,区别在于这里的应力不是残余应力,而是实时动态应力,所以条纹的色彩和疏密是随外力的大小而变化的。利用偏振光的干涉,可以考察透明元件是否受到应力作用以及应力的分布情况。

转动外层偏振片,即改变两偏振片的偏振化方向夹角,也会影响各种波长的光干涉后的光强,使图案颜色发生变化。

【讨论与思考】

1. 分析实验中各个器件的作用是什么?旋转起偏器,颜色为什么变化?会发生怎样的变化?本实验中晶片若换成单轴晶片(如方解石晶片),用单色光和白光两种光源分别实验,干涉结果会怎样?

2. 分析讨论偏光显微镜的工作原理。

实验2.34 看得见的声波

图 2.34 看得见的声波演示仪

【演示现象】

用手转动转轮,拨动琴弦,观察声波的形状。当转轮转速达到合适的值时,可以看到琴弦振动形状,即"可见的声波"。

【演示装置】

看得见的声波演示仪,如图 2.34 所示。

【原理及现象分析】

该装置通过直接将乐器弦的振动转化为可视的波来揭示声音的性质。转动转轮,再拨弹吉他,改变光带移动的速率,当二者一致时,就能清晰地看到琴弦振动的波形。这个振动波形跟它所发出的声波相对应。

【讨论与思考】

1. 转轮的速度会影响看到的声波的形状吗?
2. 分析讨论人眼的视觉暂留现象。

实验2.35 视觉暂留

【演示现象】

先打开电机开关,待电机转动平稳后,再打开频闪灯开关,适当调节频闪灯频率的粗调(转换开关)、细调(电位器)旋钮。当频闪灯的频率调节到某一值时,可观察到白色的台阶稳定不动,红色的小棍在台阶上跳动。实验结束后,分别关闭频闪灯和电机开关。

【演示装置】

视觉暂留演示仪,如图 2.35 所示。

【原理及现象分析】

人眼在观察景物时,光信号传入大脑神经,需经过一段短暂的时间。光的作用结束后,视觉形象并不立即消失,这种残留的视觉称为"后像",视觉的这一现象则被称为"视觉暂留"。其具体应用是电影的拍摄和放映。这种现象是由视神经的反应速度造成的,其时值是 $\frac{1}{24}$ s,它也是动画、电影等视觉媒体形成和传播的根据。

图 2.35 视觉暂留演示仪

视觉实际上是靠眼睛的晶状体成像和感光细胞感光,并且将光信号转换为神经电流,传回大脑而引起的。感光细胞的感光是靠一些感光色素,而感光色素的形成是需要一定时间的,这就形成了视觉暂停的机理。

演示仪器利用人眼的视觉惰性即视觉暂留同时结合频闪灯的特殊作用,演示了电影成像的原理。在未打开频闪灯时,台阶和弯杆的运动转盘转动,看不出一定的规律。打开频闪灯后,调节频率使频闪灯闪亮的时间间隔与两相邻台阶经过同一位置的时间间隔相同或成整数倍,由于眼睛的视觉暂留,我们感觉台阶已经静止,但弯杆却在不断变换,便形成了弯杆爬台阶的动画场面。

【讨论与思考】

1. 频闪灯频率与电机转速之间达到什么条件能出现视觉暂留?
2. 讨论为什么在电影中看到车轮倒转。

实验 2.36 普氏摆

【演示现象】

拉开摆球,使其在两排金属杆之间的一个平面内摆动,然后站在普氏摆正前方位置观察球摆动的轨迹。戴上光衰减镜再观察摆球的轨迹,此时发现摆球按椭圆轨迹摆动;将光衰减镜反转 180°,再次进行观察,发现摆球改变了摆动方向。

图 2.36 普氏摆

【演示装置】

普氏摆,如图 2.36 所示。

【原理及现象分析】

人之所以能够看到立体的景物,是因为双眼可以各自独立看景物。由于两眼之间存在间距,因而会造成左眼与右眼图像存在一定的差异,这种现象称为视差。人类的大脑很巧妙地将两眼的图像合成,在大脑中产生有空间感的视觉效果。

在这个实验中,所用的光衰减镜可以引起光强的减弱和光程的变化,使分别进入两只眼睛的物光产生光程差,从而感觉出物体的立体感。

【讨论与思考】

讨论分析这个现象的原理与观看立体电影的原理一样吗?

【备注】

摆球的摆动平面尽量在两排金属杆的中间,避免与金属杆相碰;观察时双眼均要睁开。

实验 2.37 磁光调制

【演示现象】

打开光源,使光通过磁致旋光物质(水)以及两个偏振片,调节偏振片的偏振化方向,在屏上可观察到消光现象;打开螺线管电源给旋光物质加磁场,随着磁场增大,在屏上可观察到透过的光斑,转动检偏偏振片直到出现消光现象,记下转动的角度和转向;改变螺线管通电电流方向,反向加磁场也能看到透过光斑,转动检偏偏振片直到出现消光现象,记下转动的角度和转向。实验结果表明,两次偏振片旋转方向不同。

【演示装置】

磁光调制演示装置,如图 2.37 所示。

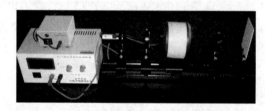

图 2.37 磁光调制演示装置

【原理及现象分析】

法拉第(Faraday)在探索电磁现象和光学现象之间的联系时,发现了一种现象,当一束平面偏振光穿过介质时,如果在介质中,沿光的传播方向上加一个磁场,就会观察到光经过样品后偏振面转过一个角度,亦即磁场使介质具有了旋光性,这种现象后来称为法拉第效应。法拉第效应有许多应用,它可以作为物质研究的手段,可以用来测量载流子的有效质量和提供能带结构的知识,还可以用来测量电路中的电流和磁场,特别是在激光技术中,利用法拉第效应的特性可以制成光隔离器、光环形器和调制器等。

法拉第效应与自然旋光不同,在法拉第效应中对于给定的物质,光矢量的旋转方向只由磁场的方向决定,而与光的传播方向无关,即当光线经样品往返一周时,旋光角将倍增。

【讨论与思考】

讨论分析旋光方向与磁场方向和光传播方向有怎样的关系?旋光角度与磁场大小有什么关系?

实验 2.38 海市蜃楼

【演示现象】

在观察之前,先要进行液体的配制将装置门打开,水管插入入口内固定好,向水槽内注入深度为槽深一半的清水,再将约 3kg 食盐放入清水中,用玻璃棒搅拌,使其溶解成近饱和状态。随后,在其液面上放一薄塑料膜盖住下面的盐溶液,向膜上慢慢注入清水,直到水槽内的水满为止。稍后,将薄膜轻轻从槽一侧抽出,此时,清水和盐水界面分明,大约6小时以后,由于扩散作用,分界面消失,在交界处形成了一个扩散层,液体的折射率由下至上逐渐减少,产生一个密度梯度,此时液体配制完成。

打开激光笔,从水槽侧面窗口观察光束在非均匀盐水中弯曲的路径;打开射灯,照亮实景物,在景物另一侧窗口处可以观察到模拟的海市蜃楼景观。

【演示装置】

海市蜃楼演示装置,如图2.38所示。

【原理及现象分析】

海市蜃楼是一种自然现象,但在被充分认识以前,往往被人们神秘化、甚至迷信化。其实海市蜃楼就是阳光在大气中折射而产生的一种光学现象。当一束光线从一种透明介质到达另一种透明介质时其线路会发生改变,这就是光的折射,如图2.39所示。图2.39中ML为透明介质A、B的分界面,N为法线,θ_1为入射角,θ_2为折射角。设光在A中的速度为v_1,在B中的速度为v_2,则由折射定律可得

$$\frac{\sin\theta_1}{\sin\theta_2} = \frac{v_1}{v_2}$$

图2.38 海市蜃楼演示装置

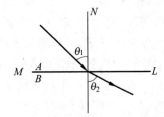

图2.39 光从光密介质射向光疏介质的折射

通常把光速较快的介质称为光疏介质,把光速较慢的介质称为光密介质。由上式可知,光线从光疏介质进入光密介质时,入射角大于折射角,光线折向法线;光线从光密介质进入光疏介质时,入射角小于折射角,光线偏离法线。显然,在此情形下存在一小于90°的入射角,在这个入射角的作用下,折射角等于90°,折射光线掠过分界面,如图2.40所示。当入射角大于这个特定角时,折射光线就不存在,入射光线全部被反射,这种现象称为全反射,如图2.41所示。

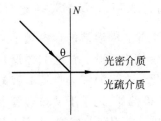

图2.40 光以某一入射角入射,折射光线掠过分界面

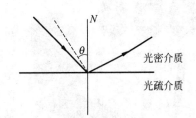

图2.41 光的全反射

在自然条件下,如干旱的沙漠中,当地面无风而被日光强烈照射时,在地面附近的数层空气受热而变稀疏,密度变小。然后它们和上面高密度的空气互相融合交汇,形成很多连续的空气层,每一层上面的密度都比下面的密度大。在海面上,一薄层的水被阳光加热,此时

水面上层的空气也被阳光显著地加热,同时受水蒸气的影响使空气稀化,密度变小。然后它们和上面高密度的空气互相融合交汇,也会形成很多相继连续的空气层,每一层上面的密度都比下面的密度大。因为空气密度越小,光的速度越快,所以每一层都是光密介质在上,光疏介质在下。这些连续的空气层将使入射光发生折射现象。在这种情况下,地面上一物体发出的光线入射到这样的空气层中,入射光线会偏离法线而发生折射。到最低点时发生全反射光线开始向上反射。如果有一人正好站在 P' 点处,就会在 P 点的下部看到两镜像,上者与物成反倒形而下者则成正立形,如图 2.42 所示,这就是我们日常所说的海市蜃楼。这也是沙漠中和海面上容易出现海市蜃楼的原因。

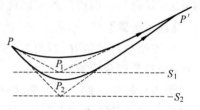

图 2.42 海市蜃楼的光学原理

【讨论与思考】

讨论分析自然界中看到的海市蜃楼现象。

【备注】

自然界海市蜃楼的景象,在日常生活中经常看到,特别在炎热的沙漠和湖边更容易看到,但持续的时间短促,转瞬即逝。利用人工方法模拟海市蜃楼,可以把大自然的壮观幻景再现出来,使人能较长时间观察与研究这种现象。海市蜃楼景象,古时多有描述,例如宋代著名诗人苏东坡在"海市"一诗中就描写了海市蜃楼的迷人的景色,但并没有得到科学的解释。由于空气不稳定,一阵风就破坏了海市蜃楼的介质条件,把天上的仙境吹得无影无踪。这样更为这种自然景象蒙上了神秘的色彩。在实验室里,只需搅动一下容器中的"大气"(溶液扩散层),人为的蜃景也随之烟消云散,使观众自然抹去了海市蜃楼的神奇色彩。玻璃容器中的"大气层"随时间不断变化,蜃景也跟着变化。介质密度梯度的起伏都会使蜃景图像产生形变,形成奇离不定的幻影,启发人们深入研究这种现象。

实验 2.39 旋光色散

【演示现象】

首先取大约 300g 蔗糖,加入玻璃管内,随后加入蒸馏水,使溶液大约占整个容器的 $\frac{1}{2}$ ~ $\frac{2}{3}$,将溶液摇匀。打开光源,连续缓慢转动前端检偏器,可观察到玻璃管下半部有糖溶液的地方透过来的光的颜色呈赤橙黄绿青蓝紫依次变化;管的上部没有糖溶液的地方仅有明暗的变化。在光源和装有糖溶液的玻璃管之间加上滤色片,旋转检偏器,记录下从玻璃管上方看视场最暗时检偏器的角度;再旋转检偏器,再记下从玻璃管下方看视场最暗时检偏器的角度;上述两个测量角位置之差就是糖溶液的旋光角度。

图 2.43 旋光色散演示仪

【演示装置】

旋光色散演示仪,如图 2.43 所示。

【原理及现象分析】

当偏振光通过某些物质（如石英、氯酸钠等晶体或糖水溶液、松节油等）时，光矢量的振动面将以传播方向为轴发生转动，这一现象称为旋光现象。本实验利用了糖溶液的旋光性演示旋光现象及影响旋光效应的因素。糖溶液放在两个偏振片中间，一个偏振片用于起偏，另一个偏振片用于检偏。单色偏振光通过液态旋光物质时，振动面转过的角度即旋光度 $\Delta\Phi$ 与旋光物质的性质、偏振光在旋光物质中经过的距离 L 及溶液浓度 C 有关，其关系为

$$\Delta\Phi = \alpha CL$$

比例系数 α 称溶液的旋光率，它是与入射光波长有关的常数。旋光度大致与入射偏振光波长的平方成反比，这种旋光度随波长而变化的现象称为旋光色散。本实验既可以演示白色偏振光的旋光色散现象，形成螺旋彩虹，也可以半定量地说明不同波长的光对偏振面旋转角度的影响。

【讨论与思考】

1. 为什么某些物质有旋光特性？它们各有什么样的微观机理？旋光物质有左右旋之分吗？
2. 如何制作一个旋光糖浓度计？

【备注】

玻璃容器内的糖溶液浓度很高，玻璃易碎，小心勿动；调整检偏器时一只手扶住检偏器，另一只手做调整，调整应轻柔；请勿玩耍滤色片，更不要当扇子用；定期更换糖溶液，以免变质和霉变；较长时间不用时，一定要将糖溶液倒掉，把管清洗干净，晾干存放；清洗玻璃容器时，可以放入砂粒等颗粒物辅助清洗。

实验 2.40 等厚干涉磁致伸缩

【演示现象】

接通光源的电源，使光源照射到牛顿环上，图像反射到屏上，调节光路，可清晰看到等厚干涉（牛顿环）图样。随后，调节线圈后面的螺杆，使镍棒顶在牛顿环上，对它产生一定的应力。最后，接通直流电源，此时可看到等厚干涉（牛顿环）图样发生变化。关闭电源，图样恢复原状。

【演示装置】

等厚干涉磁致伸缩演示仪，如图 2.44 所示。

【原理及现象分析】

等厚干涉装置/牛顿环，是由一块平板玻璃和一块平凸透镜合在一起形成的，可观察到等厚干涉的干涉图样是一组大小不同的圆环。在透镜和平板玻璃之间有一层很薄的空气层，通过透镜的单色光一部分在透镜和空气层的交界面上反射，一部分通过空气层在平

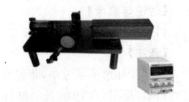

图 2.44 等厚干涉磁致伸缩演示仪

板玻璃上表面反射，这两部分反射光符合相干条件，产生干涉现象，形成牛顿环。在压力的作用下等厚干涉的空气间隙会发生微小变化从而使得干涉图样也会发生变化。

铁磁材料在磁化过程中发生机械形变称为磁致伸缩。产生这种效应的原因是，在铁磁

质中,磁化方向的改变导致磁畴重新排列而导致晶体间距的变化,从而使铁磁体的长短或体积发生变化。我们利用这个原理将牛顿环固定在一个线圈上。线圈中固定一根镍棒直顶在牛顿环上。当线圈产生磁场时,磁场中的镍棒产生磁致伸缩现象,长度收缩。牛顿环上的应力发生了变化导致牛顿环的干涉图样也发生变化。所以通过牛顿环图样的变化可以演示磁致伸缩现象。本仪器采用光学投影放大的方法把牛顿环干涉图样投影放大在屏幕上,使得观察更为方便。

【讨论与思考】

磁致伸缩式超声波发生器及接收器的工作原理是什么?

实验 2.41　菲涅耳透镜

【演示现象】

观察物体通过菲涅耳透镜所成的像,发现随物体与菲涅耳透镜间的距离变化,会成放大或缩小的像;用光照射菲涅耳透镜可以观察到菲涅耳衍射现象。

图 2.45　菲涅耳透镜

【演示装置】

菲涅耳透镜,如图 2.45 所示。

【原理及现象分析】

菲涅耳透镜,简单地说就是在透镜的一侧有等距的齿纹,通过这些齿纹,可以达到对指定光谱范围的光带通(反射或者折射)的作用。菲涅耳透镜又称螺纹透镜,它相当于两个平凸透镜镜面相对放置组成的聚光透镜,它具有凸透镜的特点,所成的像既可以是放大的,也可以是缩小的。透镜上布满了细小的锯齿形同心圆条纹,使得穿过此镜的光线弯曲产生衍射现象,从而形成影像。衍射现象是由光具有波动性特征而产生的,因为法国物理学家菲涅耳对衍射理论做出过突出的贡献,此镜因此得名。

菲涅耳透镜(Fresnel lens)是由聚烯烃材料注压而成的薄片,镜片表面一面为光面,另一面刻录了由小到大的同心圆,它的纹理是利用光的干涉及衍射理论,并根据相对灵敏度和接收角度要求来设计的。透镜的要求很高,一片优质的透镜必须是表面光洁、纹理清晰,其厚度一般在 1mm 左右,特性为面积较大、厚度薄及侦测距离远。

【讨论与思考】

讨论分析菲涅耳透镜在日常生活和工业生产中的应用。

【备注】

在菲涅耳透镜系统中,菲涅耳透镜的作用有两个:一个作用是聚焦作用,即将热释红外信号折射(反射)在 PIR(被动红外线探测器)上,另一个作用是将探测区域分为若干个明区和暗区,使进入探测区域的移动物体能以温度变化的形式在 PIR 上产生变化的热释红外信号。

利用传统的打磨光学器材制成的带通光学滤镜造价昂贵。菲涅耳透镜可以极大地降低成本。典型的例子就是 PIR。PIR 广泛地用在警报器上。你拿一个看看,会发现在每个 PIR 上都有个塑料的小帽子,这就是菲涅耳透镜。小帽子的内部都刻上了齿纹。这种菲涅耳透镜可以将入射光的频率峰值限制到 $10\mu m$ 左右(人体红外线辐射的峰值),成本相当低。菲涅耳透镜可以把透过窄带干涉滤光镜的光聚焦在硅光电二级探测器的光敏面上。

菲涅耳透镜在使用时,要注意镜面的保护,不要用硬物与之相接触,以免损坏镜子表面;不要用手接触表面,以免堵塞条纹。

实验 2.42 台式皂膜

【演示现象】

缓慢拉起肥皂液中的杆,在杆的下面会形成一个很大的肥皂膜,轻轻吹气,可看到膜的振动;打开白光光源,看到膜上有水平排列的彩色条纹,越靠下部条纹越宽。

选择一个圆环状铁丝框在肥皂液中蘸一下,再斜一点拉起来,就在圆环上得到一个肥皂膜,把圆环上下振动,可得到一个悬链曲面,这是薄膜在振动;将铁框对着灯光,可观察到干涉条纹,并发现其彩色条纹宽度逐渐由窄变宽;换上不同形状的铁丝框,可看到不同形状的肥皂膜。

【演示装置】

台式皂膜演示仪,如图 2.46 所示。

【原理及现象分析】

液体的表面有如张紧的弹性薄膜,有收缩的趋势。若在液体表面想象地画一条直线,直线两侧液面之间存在着相互作用的拉力,且拉力的方向与所画的直线垂直,液体表面表现出来的这种力称为表面张力。表面张力的大小用表面张力系数 α 来表示。在液面上长为 L 的直线段两侧的拉力 f 可表示为

图 2.46 台式皂膜演示仪

$$f = \alpha L$$

由于表面张力的作用,形成皂膜,而不同形状的模型拉出不同形状的皂膜,则体现能量最低原理,即在这种形状下,皂膜面积最小,能量最低。在白光照射下,皂膜呈现出彩色的干涉条纹。当皂膜液慢慢向下流时,皂膜变得上薄下厚,形成劈尖干涉,可以看到彩色的条纹带逐渐由窄变宽。

【讨论与思考】

1. 为什么所有液体的表面都存在着表面张力?为什么无色透明的肥皂泡在阳光或日光灯下呈现出彩色?

2. 讨论不同晶型结构的线框的皂膜形状与晶体结构的关系。

实验 2.43 激光监听

【演示现象】

我们用可见的半导管激光器产生的激光模拟这种激光窃听的方法。取一个装有玻璃窗

的箱,箱内放置收音机,在玻璃外贴一块小镜子,使激光照射在镜子上。收音机播音时,机箱玻璃振动,使激光反射光的光斑发生移动,照射在硅光电池上的光点面积发生变化。调节硅光电池的位置,使光斑移动时照射在硅光电池上的光点面积发生相应的变化,从而引起硅光电池输出电压的变化,把这个电压变化经放大器放大,通过扬声器就能听见声音。

【演示装置】

激光监测实验仪、大木箱子(内置收音机、放大器、扬声器等),如图 2.47 所示。

图 2.47　激光监听演示装置

【原理及现象分析】

监听在战争中被称为窃听。为了得知敌方相互之间联络的内容,把电线接在敌人通话线路上进行窃听,以掌握主动权。在破案过程中,公安人员为了掌握破案线索,把微型无线话筒放在犯罪嫌疑人经常出没的地方,监听他们的谈话内容,掌握确凿的证据。窃听要求相当隐蔽,不易发现,所以需要有各种巧妙的方法与技术。

本实验采用激光技术进行窃听。若想听到周围戒备森严而人不可能接近的房间里的讲话声,可以用一束看不见的红外激光打到该房间的玻璃窗上,由于讲话声引起玻璃窗的微小振动,使激光在玻璃窗上的入射点和入射角都发生变化,因而接收到激光光点的位置发生变化(变化情况和讲话信号基本一致),然后用光电池把接收到激光信号转换成电信号,经过放大器放大并去除噪声,最后通过扬声器还原成声音。激光由于方向性好,衰减慢,传播距离远,所以可以远距离传递信息,入射角越大,接收器离玻璃窗越远,放大作用越明显。

【讨论与思考】

1. 演示中入射角取大些或取小些,各有什么优缺点? 为什么?

2. 根据你的实验结果,试估算一下,玻璃因振动引起的入射角变化和入射点移动究竟有多大?

3. 分析讨论一下,改用其他光源(如日光灯),也可用来窃听吗?

第 3 章

趣味物理实验

实验 3.1 恐怖的铅球

【演示现象】

如图 3.1 所示,在屋顶中间用绳子悬挂一铅球,人站在墙边,把铅球拉到与人脸齐平的位置并静止释放,当人看到铅球快速返回时会吓得大叫,但实际上铅球到达人脸附近会静止,一点危险没有。

【现象分析】

理想情况下系统的机械能守恒,因此铅球返回原位置时速度还会为零,实际情况还有各种阻力做功,所以铅球是回不到原位置的,不存在危险。

图 3.1 恐怖的铅球实验装置

实验 3.2 不碎的鸡蛋

【演示现象】

如图 3.2 所示,将一张 A4 纸卷成锥形并在其中放一枚生鸡蛋,用手举过肩膀,调整好姿势保证纸尖先落地,发现鸡蛋没有破碎。

【现象分析】

鸡蛋需要受一定的力才会破碎。鸡蛋到达地面时有一定的动量(与落下的高度有关),落地后鸡蛋静止,动量为零。根据动量定理,动量的改变量等于鸡蛋所受的合外力的冲量,动量的改变量是一定的,则冲量也是一定的。而冲量是力在时间上的积累,纸尖落地鸡蛋就受到了冲力,由于纸尖与鸡蛋间有一段距离,鸡蛋受到的冲力作用力时间长则冲力就小,不足以打碎鸡蛋。这就是日常生活中广泛应用的缓冲作用。

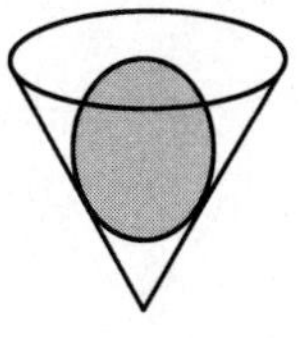

图 3.2 不碎的鸡蛋演示装置

实验 3.3　反转魔石

【演示现象】

如图 3.3 所示为一个反转魔石,其形状有点像船形,也被称为凯尔特石头。当让它顺时针方向旋转时,它会旋转一下之后停下来(产生振动),然后开始逆时针旋转;当让它逆时针方向旋转时,它则一直保持逆时针旋转。若敲一下它的左端或右端,它也一样会保持逆时针旋转。

利用金属汤匙可制作反转魔石,只要将汤匙的柄弯折点偏离中心轴即可。

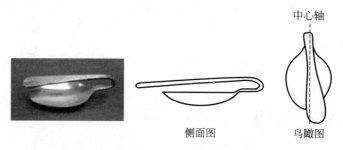

图 3.3　反转魔石

此外,在塑胶汤匙的底部前、后位置别上回纹针,并调整回纹针的位置;以及将口香糖略为弯折,与桌面的接触点必须略为偏离中心点(即重心位置),都可以制成反转魔石。

注意:该实验必须在光滑的桌面操作,粗糙的表面不易有反转的效果。

【现象分析】

反转魔石在旋转时,全过程为:旋转(顺时针)→上下振动→停止旋转→旋转(逆时针)。从能量转换的角度看,旋转的动能先转换为振动的动能,振动的动能再转换为反转的旋转动能。之所以反转魔石会由旋转变成振动,主要是由于它的结构并非完全对称,尤其是当把滚动轴以及俯仰轴作为坐标轴时,其坐标原点(中心点)不是重心的位置,亦即质量的分布不是完全均匀的,只有在质量分布均匀时,才可能是稳定的旋转。因此一开始旋转后,反转魔石处于不稳定状态,滚动运动与俯仰运动的不稳定性开始连结,造成俯仰轴的上下振动,于是转动能量被转换为振动能量,旋转因而会慢下来(当然也包括摩擦力的影响)。沿俯仰轴的上下振动发生时,地面的摩擦力成为反转的主要因素。摩擦力可以分解为平行与垂直椭圆长轴的两个分力,平行椭圆长轴的分力减缓了振动的幅度,而垂直长轴的分力是让反转魔石形成逆转现象的原因。如果形状偏斜的方向不一样,旋转的方向就会反过来。

实验 3.4　能竖立旋转的鸡蛋

【演示现象】

把一枚煮熟的鸡蛋放在桌上旋转,如果用力合适,它转着转着就会竖立起来,而生鸡蛋就不会这样。

【现象分析】

造成这一现象的主要原因是熟鸡蛋的部分旋转能量在蛋壳与桌面之间的摩擦力作用下转换成了一个水平方向的推力,使熟鸡蛋的长轴方向改变,在一系列的摇晃震荡中由水平方向变为垂直方向。而生鸡蛋的内核是液态,会吸收旋转能量,使它不能转化为推力,因此生鸡蛋在旋转时不会竖立起来。

产生这一现象的关键是蛋壳与桌面间的摩擦力要恰到好处。在完全光滑的桌子上,旋转的鸡蛋不会竖立起来,而桌面太粗糙了也不行。此外,鸡蛋的旋转速度也要合适,在大约10r/s的临界速度以下旋转时,鸡蛋也不会竖立起来。鸡蛋能否竖立起来与其旋转的初始方向没有关系,并且鸡蛋也能以任一端竖立着旋转。

实验3.5　内摩擦力

【演示现象】

取一块长方形木板,用几本书将其中一端垫高并固定住,另一端平放在桌子上。找两只相同质地、同样大小、重量相等的圆形玻璃瓶子,分别装入等重的细沙和清水,盖上瓶盖。为防止瓶子滚动时水和沙子漏出,可以在瓶口处粘上少许蜂蜡。现在把两只瓶子放在木板上,在同一起始高度让二者同时向下滚动,可以发现装水的瓶子将比装沙子的瓶子提前到达底部。

【现象分析】

内摩擦是运动流体分子之间产生的摩擦,对于宏观流体来讲,内摩擦是流体具有黏性的原因。流体在运动时,如果相邻两层流体的速度不同,则会在它们的界面上产生切应力,此时运动快的流层对运动慢的流层施以推力,而运动慢的流层则对运动快的流层施以阻力,这对力称为流层之间的内摩擦力,或称黏性切应力。

孤立的保守系统机械能守恒。当系统内有非保守力做功时,机械能不守恒。内摩擦力是一种耗散力,它做的功与物质的成分、形状大小等有关。细沙子与水相比,水的结构更紧实,耗散力做功更少,因此装水的瓶子能更快到达底部。

实验3.6　沙子的内摩擦

【演示现象】

如图3.4所示,取一大的无底水桶装满沙子(先用纸把底兜住,装入沙子并压实),把水桶悬空架好,站上一个人沙子不会漏。

【现象分析】

内摩擦是由于固体变形时结晶格子间产生的摩擦。一粒沙子的摩擦力虽然微不足道,但大量沙子间以及与桶壁间的静摩擦力是很大的,承受人的重量是没有问题的。

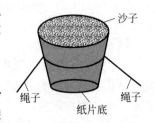

图3.4　沙子的内摩擦装置

实验 3.7　物体的打击中心

【演示现象】

如图 3.5 所示,取一根条形木棍,手握一端,用木棍不同位置敲击桌边,感受手指、虎口的受力情况。可以发现,用木棍的某些位置敲击桌边是虎口受力,而另一些位置是手指受力。

图 3.5　物体的打击中心

【现象分析】

绕一定轴可自由转动的物体,受到外界打击力的作用,若定轴在打击力方向上受力为零,则此时的打击力的打击点称为打击中心。它的理论值可应用质心运动定律和刚体转动定律求解。实际应用中,可手握物体代替定轴,感受手指和虎口的受力情况。

在羽毛球、网球、棒球等体育运动中击球"甜区"选择,以及门吸位置的选择都属于打击中心问题。

实验 3.8　大气的压强

【演示现象】

(1) 在空瓶内盛满水,用有孔纸片盖住瓶口,用手压着纸片,将瓶倒转,使瓶口朝下,如图 3.6 所示。将手轻轻移开,纸片纹丝不动地盖住瓶口,而且水也未从孔中流出来。

(2) 把一个空易拉罐放入开水中一会儿,马上放入冷水中,易拉罐被压瘪,如图 3.7 所示;或把一个空酒瓶放入开水中一会儿,把一枚剥皮熟鸡蛋放在瓶口,鸡蛋会被吸入瓶中。

图 3.6　水未从孔中流出

图 3.7　易拉罐的形变

【现象分析】

(1) 薄纸片能托起瓶中的水,是因为大气压强作用于纸片上,对纸片产生了向上的托力。小孔不会漏出水来,是因为水有表面张力,从而在纸的表面形成水的薄膜,使水不会漏出来。这如同布做的雨伞,布虽然有很多小孔,仍然不会漏雨。

(2) 气体的压强、体积与温度满足一定的函数关系。当体积一定时,理想状态下压强与温度成正比,即温度越高压强越大,当温度下降时,压强减小,从而形成内吸力。

实验 3.9 帕斯卡破桶实验的模拟

【演示现象】

取一个大广口瓶,在瓶下部的侧壁管口用橡皮薄膜扎紧密封,将红色的水从瓶口倒入,随着瓶中水位的升高,侧管的橡皮薄膜渐渐鼓出。此时可以看到,即使灌满水后,薄膜鼓出的程度也并不十分明显。这说明虽然瓶中装了很多很重的水,但对侧壁的压强并不是很大。再取一根 1m 长的托里拆利玻璃管,通过打有小孔的瓶塞插入大瓶中,并把瓶塞塞紧密封。然后将烧杯中的水用漏斗渐渐灌入管中,当玻璃管中红色水升高 50cm 以上时,只见大瓶侧管的橡皮薄膜大幅度鼓出甚至破裂。

【现象分析】

帕斯卡破桶实验是中学所学的著名实验。本实验为该实验的模拟。由于液体的压强等于密度、深度和重力加速度之积,而在这个实验中,水的密度不变,但插入玻璃管并往管中注水后使瓶中水的深度明显增加,则下部的压强越来越大,因而橡皮薄膜大幅度鼓出甚至破裂。帕斯卡著名的破桶实验同样如此,由于桶上方水的高度很大,产生的液压终于超过木桶能够承受的上限,木桶随之裂开。帕斯卡破桶实验可以很好地证明液体压强与液体的深度有关。

实验 3.10 听话的悬浮小瓶

【演示现象】

使小玻璃瓶正好悬浮于大饮料瓶中,拧紧瓶盖。用手轻轻挤压大饮料瓶,小玻璃瓶下沉;挤压大饮料瓶的力减小,小玻璃瓶上浮,如图 3.8 所示。

【现象分析】

不可压缩静止流体中的任一点受外力作用产生压力增值后,此压力增值瞬时传至静止流体各点。帕斯卡定律是流体静力学的一条定律,帕斯卡压力大小不变地由液体向各个方向传递。根据静压力基本方程($p = p_0 + \rho g h$)可知,盛放在密闭容器内的液体,当其外加压强 p_0 发生变化时,只要液体仍保持其原来的静止状态不变,液体中任一点的压强均将发生同样大小的变化。这就是说,在密闭容器内,施加于静止液体上的压强将以等值同时传到各点。这就是帕斯卡原理,也称静压传递原理。

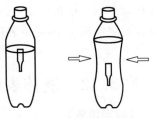

图 3.8 听话的悬浮小瓶

帕斯卡原理在生产技术中有很重要的应用,液压机就是帕斯卡原理的实例。它具有多种用途,如液压制动等。若一个流体系统中有大小两个活塞,在小活塞上施以小推力,通过流体,在大活塞上就会产生较大的推力。据此原理,还可制造水压机,用于压力加工;制造千斤顶,用于顶举重物;制造液压制动闸,用于刹车等。人们利用这个原理还设计并制造了水压机、液压驱动装置等流体机械。

实验 3.11　非牛顿流体

【演示现象】

如图 3.9 所示,在空矿泉水瓶内分别装入一定量的淀粉、细沙,加水搅拌均匀,瓶盖上打孔插上玻璃管,管中装满水,拧好瓶盖,用手分别捏两个瓶子,观察管中液面变化情况。可以发现受力后,淀粉瓶中液面上升,沙子瓶中液面下降。若使生鸡蛋从高处分别落入泥浆、淀粉溶液中,会发现鸡蛋在泥浆中不易碎而在淀粉溶液中易碎。

图 3.9　非牛顿流体

【现象分析】

非牛顿流体,是指不满足牛顿黏性实验定律的流体,即其剪应力与剪切应变率之间不是线性关系的流体。一般来说,淀粉不会溶解到水中,这些淀粉的粒子相互附着,形成微小的不容易压扁的微小颗粒。如果被施以外界压力,这些淀粉颗粒相互堆叠,将颗粒之间的水分挤出,此时它们表现出了固体的特性,不过这种颗粒不会永久性变成固体。当外力撤走,则淀粉粒子不再相互挤在一起,水分重新回流到淀粉粒子之中,又表现出液体的特性。泥浆的特性与淀粉相反,不受力表现疏水性,受力表现亲水性。

实验 3.12　液体表面张力

【演示现象】

准备一杯水(把水加到杯子的边缘处,目视水至杯口齐平处)和 16 枚 1 元的硬币(也可以更多)。向杯子里投放硬币,每次投放硬币数没有限制,可以一次放进 1 枚,可以 2 或 3 枚,或者更多,直到水溢出杯子为止,如图 3.10 所示。投放硬币的时候用拇指和食指捏住硬币轻轻地放进盛满水的杯子。也可以放入回形针等较小的物品,起初回形针可能会浮在水面上,也可能会沉下去,但是在表面张力完好时杯中的水不会溢出,当表面张力小于回形针的作用力时,它就会被破坏,表现为水溢出。

图 3.10　液体表面张力

准备一盆清水和一根绣花针,将针小心翼翼地、水平地放在平静的水面,针就会浮着。这是因为水分子紧紧地结合在一起,产生了表面张力,把针给"撑"了起来。拿起清洗液,往水里一挤,针沉下去了,因为清洗液破坏了表面张力,所以针沉了。

准备一根细长的木棍或牙签,用小刀雕刻成独木舟的样子,在独木舟的一端沾上一点洗发水,再将它放在一盆清水中,不用任何动力,独木舟就自己走了起来。

这是因为在洗发水中含有表面活性剂,这些活性剂可以减弱水的表面张力,因此独木舟上沾有洗发水一端周围的水面张力减弱,而其另一端的张力不变,两端的张力差形成了对独木舟的推力,独木舟自然就会自己前进了。

【现象分析】

表面张力是分子力的一种表现,它发生在液体和气体接触时的边界部分,是由表面层的液体分子处于特殊情况决定的。液体内部的分子和分子间几乎是紧挨着的,分子间经常保持平衡距离,稍远一些就相吸,稍近一些就相斥,这就决定了液体分子不像气体分子那样可以无限扩散,而只能在平衡位置附近振动和旋转。在液体表面附近的分子由于只显著受到液体内侧分子的作用,受力不均,使速度较大的分子很容易冲出液面,成为蒸汽,结果在液体表面层(跟气体接触的液体薄层)的分子分布比内部分子分布来得稀疏。相对于液体内部分子的分布来说,它们处在特殊的情况中。表面层分子间的斥力随它们彼此间的距离增大而减小,在这个特殊层中分子间的引力作用占优势。因此,如果在液体表面上任意划一条分界线 MN 把液面分成 a、b 两部分,并以 F_a 表示 a 部分表面层中的分子对 b 部分的吸引力,F_b 表示 b 部分表面层中的分子对 a 部分的吸引力,则这两部分的力一定大小相等、方向相反。这种表面层中任何两部分间的相互牵引力,促使了液体表面层具有收缩的趋势,由于表面张力的作用,液体表面总是趋向于尽可能缩小,因此空气中的小液滴往往呈圆球形状。

实验 3.13 鱼洗

【演示现象】

将双手洗净,轻搓鱼洗(图 3.11)的两个把手,待水面出现细密的波纹,同时听到盆发出嗡嗡的振动声时,即可见美丽四溅的水花从盆壁的四个点喷射而出。注意双手一定要干净,不能有油。

【现象分析】

鱼洗是一个由青铜铸造的具有一对提把的盆,大小和一般脸盆差不多。在盆内盛有半盆水,用双手轻搓两个把手,就用单方向的力激起了提把的振动。由于鱼洗盆的提把安装在盆内侧面相对的两侧,它的振动可以耦合为盆体的驻波振动。因此,轻搓两个把手盆就翁嗡地振动起来,盆中的水在盆的振动中可从水面与盆壁相交的圆周上的四个点喷射出水花,若操作得当,激起的水花可高达 400~500mm。

图 3.11 鱼洗

实验 3.14 空气炮

【演示现象】

准备一个一面开设有圆形孔的牛皮纸箱,用力压迫纸箱,一个圆形的空气炮就从纸箱中发射出去。在纸箱里充入单一气体(气体摩尔质量应该大于空气的摩尔质量),然后用外力压迫纸箱,使内部气体由纸箱壁上的圆孔冲出(如吐烟圈),气圈向前运动击倒纸杯,如图 3.12 所示。

图 3.12 空气炮

【现象分析】

气体从一个狭小的空间猛然喷出,就会形成一个涡旋,每一个烟圈都是一个小的气体涡旋。虽然烟圈向前运行的速度不是很快,但其内部气流的旋转速度还是很快的,一旦蜡烛的火焰被烟圈套住,会立刻熄灭。这原理跟龙卷风类似,即龙卷风可能待在原地不动,但内部旋转的气流却能把很重的物体带上天。

烟圈形成的本质是,一个环状的空气涡流将烟雾粒子(香烟的固体颗粒或者干冰等形成的小水珠)限制在一个环状区域内造成的。当烟雾粒子随着空气快速通过一个圆孔时,由于圆孔出口周边的空气是静止的,因此从圆孔中流出的空气-颗粒混合物会牵引静止的周边空气,由此形成了一个从孔洞边缘向外再转向内旋转的一个涡流。这也可以理解为伯努利原理——流动的流体压强降低,周边压强高的静止空气补充到压强低的区域,由此形成涡流。这个涡流分布在圆孔周边,成为环状,并向前运动。这个环状的涡流使得在其内的烟雾粒子不能等速地扩散到周边空气中,即被涡流束缚住了,由此就形成了我们看到的烟圈。

实验 3.15　变音钟

【演示现象】

变音钟(图 3.13)是中国古代著名的古钟之一,用现代特殊功能的铜合金铸成。常温下敲击变音钟,声似木鱼,加热后敲击声似铃。因寓意"心诚则灵",因而得名"诚则灵变音钟"。

图 3.13　变音钟

【现象分析】

一般的乐音编钟用响铜铸成,响铜中加入较多的锡,主要是铜锡合金;而变音编钟用的是铜锰合金,锰元素的加入使锰铜合金具有特殊的磁性质,会在冷凝时局部形成反铁磁质材料,铜锰合金在反铁磁状态下杨氏模量小,因而固有频率小,而材料内耗大,阻尼因子大,两者均导致振动频率降低;在顺磁状态下杨氏模量大,固有频率高,阻尼因子小,因而振动频率高,其声学效果与反铁磁质完全不同。变音钟的铜锰合金材料在加热前、后分别处于奈尔点之下和之上,在常温下主要处于反铁磁质状态,因而钟声低沉;加热后发生由反铁磁质转变为顺磁质的相变,使铜锰合金恢复一般金属性质,重新发出清脆的金属钟声。这就从物理本质上解释了变音编钟的变音机理。

实验 3.16　辉光盘

【演示现象】

打开辉光盘的电源开关,立即产生美丽的辉光,用手触摸盘面,可观察盘面图案随手发生变化,如图 3.14 所示。

【现象分析】

辉光盘由许多直径为 2～3mm 的小气泡构成,小气泡中充有低压气体。在辉光盘不同区域的小气泡中充有不同的低压气体,用以在辉光放电时发出不同颜色的光,形成彩色的放电辉光。辉光盘的中心安有电压高达数千伏的高频高压电极。通常由于宇宙射线、紫外线的作用,气体中少量中性分子被电离,以正负离子形式(即等离子体状态)存在于气体中。辉光盘通电以

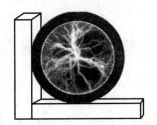

图 3.14　辉光盘

后,中心的电极电压高达数千伏,气体中的正负离子在强电场作用下产生快速定向移动,这些离子在运动中与其他气体分子碰撞产生新的离子,使离子数大增。由于电场很强而气体又比较稀薄,离子可获得足够的动能去"打碎"其他的中性分子,形成新的离子。离子、电子和分子间撞击时,常会引起原子中电子能级跃迁并激发与能级有关的美丽的辉光,称为"辉光放电"。

实验 3.17　辉光球

【演示现象】

打开辉光球电源开关,辉光球发光,用指尖触及辉光球,可见辉光在手指的周围处变得更为明亮,产生的弧线顺着手的触摸移动而游动扭曲,随手指移动起舞,如图 3.15 所示。

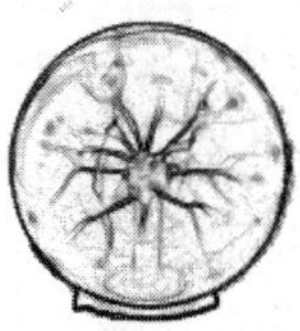

【现象分析】

辉光球发光是低压气体(或叫稀疏气体)在高频强电场中的放电现象。玻璃球中央有一个黑色球状电极。球的底部有一块震荡电路板,通电后,

图 3.15　辉光球

震荡电路产生高频电压电场,由于球内稀薄气体受到高频电场的电离作用而光芒四射。辉光球工作时,在球中央的电极周围形成一个类似于点电荷的电场。当用手(人与大地相连)触及球时,球周围的电场、电势分布不再均匀对称,故辉光在手指的周围处变得更为明亮。

实验 3.18　变色珠子

【演示现象】

如图 3.16 所示,在强光或阳光照耀下,白色的珠子会变得五颜六色。放在不受强光或阳光照耀的地方,又恢复了它的本身颜色。

【现象分析】

变色珠子由在三维空间叠起来的塑料小球组成,在塑料小球中间还包含微小的碳纳米粒子,使得光不仅在塑料小球和周围物质之间的边缘区反射,而且也在填在这些塑料小球之间的碳纳米粒子表面散射。这就大大加深了薄膜的颜色。只要控制塑料小球的体积,就能只散射某些光谱频率的光,从而使颜色发生变化。

图 3.16　变色珠子

实验 3.19 饮水鸟

【演示现象】

如图 3.17 所示,在水杯中注水近满,再把饮水鸟的头按低,使其嘴插入至水中,片刻后释放。此时可看到小鸟缓缓低头,振荡几下以后,低头到把嘴插入小杯的水中,然后抬起头来。不一会儿,它又低下头去,重复上述过程,则小鸟往复不断地运动。

【现象分析】

图 3.17 饮水鸟

静止的物体,如果合力矩不为零,就要发生转动。物体中存在很细的管道或间隙时(称为毛细管)对物体浸润的液体就会沿毛细管上升。像吸水纸、毛巾之类的物体能吸水就是这种原因。液体在汽化时,部分液体的分子变为气体分子,分子的能量变大,这种能量的增加是靠液体内能的减小来补偿的,因此蒸发时液体的温度要降低。敞开容器中的液体要不断地向空气中蒸发,加盖后,随着蒸发的进程,封闭空间中汽的密度越来越大,到一定的程度达到饱和,即进入空气中的分子数与返回液体中的分子数相等,此时的汽称为饱和汽。饱和汽的性质与理想气体不同,饱和气压的大小与气体的体积无关,随温度的升高(降低)而迅速地加大(减小)。像乙醚这种液体,饱和气压随温度的变化特别灵敏。能量不会无中生有,也不会有中变无,只能是由一种形态转变为另一种形态,或者由一个物体转入另一个(一些)物体中。永动机不可能实现。封闭的系统不可能走向有序。

在本实验中,由于小鸟头部表面水分的蒸发,使头部温度降低,内部的饱和气压减小,而尾部内的气压不变,因此管内的液柱上升。当整体的重心到达支点的前上方时,小鸟低头饮水。一旦低到使尾部内的玻璃管口与其中的气室相通时,水蒸气将沿管上升,于是管中的液体就会倒流入尾部内,从而使小鸟又抬起头来。以后又不断地重复上述过程。

小鸟的运动最终要靠杯中水来提供,随着时间的推移,杯中水越来越少,加水,就必须要有外界做功,做功就要消耗其他形式的能量。另外,小鸟也必须处于开放的状态,如果处在一个封闭的空间内,水汽达到饱和,也就不可能产生制冷现象,头部和尾部的温度趋于相同,运动也就不可能产生。这个实验也再一次地说明:永动机是不可能制成的!

实验 3.20 光压风车

【演示现象】

如图 3.18 所示,光压风车由密封于真空的玻璃容器中的转轮和照明灯组成。当灯光照射转轮时,转轮转动。

【现象分析】

假如玻璃容器被抽成完全真空,则当灯光照射转轮时,由于光压作用,涂黑表面所受的压力比白色表面所受的压力小一半(光子在白色表面反射,在被黑色表面吸收,导致两表面得到的

图 3.18 光压风车

动量相差一倍),这使得叶片由白面朝黑面转动。但在通常温度下光压非常小,很难看到此现象。若想看到光压引起的效应,必具备两个条件:玻璃容器的极高真空和对转轮的阻力要极小。

但实际上,玻璃容器内不是极高真空,叶片表面附近有残余气体存在,因叶片中涂黑表面处的气体的温度高于白色表面处的气体(因黑色表面吸热多于白色表面),这使得黑面处的气体的压强大于白面处的气体的压强,因而推动叶片由黑面处向白面处转动。由于两种作用中,后者较强,所以,整体效果是从黑面处转向白面处,即在灯光照射下叶片持续地转动起来。

实验 3.21　记忆合金

【演示现象】

将冷水和热水分别注入两个小盆中;将记忆合金弹簧或记忆合金花(图 3.19)依次放入热水盆中,可以观察到弹簧的膨胀和记忆合金花的开放。然后再将它们放入冷水盆中,可以观察到弹簧的收缩和记忆合金花的枯萎。

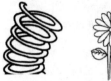

图 3.19　记忆合金弹簧和记忆合金花

【现象分析】

记忆合金是在一定的温度下能够恢复其原来形状的金属合金材料。本实验用记忆合金材料制成了几种部件,可进行一些有趣的实验,使观察者看到一些平常见不到现象,如弹簧的热胀冷缩,以及记忆合金花在热水中开放、在冷水中萎缩。

实验 3.22　光学幻影

【演示现象】

打开光学幻影演示仪电源开关,使幻影仪的出射窗口呈现幻像。此时可看到一朵悬在空中转动着的美丽的红花;伸手触摸红花,发现并没有实物。

【现象分析】

彩色立体幻像不是实像,而是物体的像,它是被照亮的物体经大型球面反射镜聚焦而成的像。其成像光路图如图 3.20 所示。

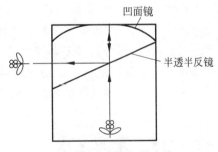

图 3.20　光学幻影光路

实验 3.23　视错觉

【演示现象】

观看如图 3.21 所示的图形,有立体感。

【现象分析】

视错觉是当人或动物观察物体时,基于经验主义或不当的参照形成的错误的判断和感知。

"角度感""形象感""立体感"等协同工作,并把图像根据摄入的信息在大脑虚拟空间中还原,还原等于把图像往外又投了出去。虚拟位置能大致与原实物位置对准,这才是我们所见到的景物。

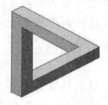

图 3.21　视错觉

实验 3.24　分形艺术

【演示现象】

观看如图 3.22 所示的图片,可观察到由多个相同图案构成的分形现象。

图 3.22　分形艺术

【现象分析】

分形是一种具有自相似特性的现象、图像或者物理过程。在分形中,每一组成部分都在特征上和整体相似。除自相似性以外,分形具有的另一个普遍特征是具有无限的细致性。即无论放大多少倍,图像的复杂性依然丝毫不会减少。但是每次放大的图形却并不和原来的图形完全相似,即分形并不要求具有完全的自相似特性。本实验利用互成一定角度的多个反射镜对同一个图案进行多次反射,构成一个复杂图像,体现分形的基本概念。

实验 3.25　无源之水

【演示现象】

接通电源,就能看到水源源不断地从悬空的水龙头中流出,如图 3.23 所示。

【现象分析】

在下泄的水柱中有一根水管,水管的透视率和水相近。水管下面的水泵通过这根水管将水压上顶端的水嘴后,再反向流出。由于反向的水流包裹着水管而且两者间的透视率相近,所以大家

图 3.23　无源之水

就不容易发现水管,误以为这水是"从天而降"。

实验 3.26　窥视无穷

【演示现象】

打开窥视无穷镜(图 3.24)的电源开关,可观察到转动的、无穷深处的光点,且其颜色也在不断地变化。

【现象分析】

观察窗口的一侧镶有半透半反玻璃,另一侧镶有反射镜,这样,二者都会对一个光点进行多次反射。在观察者看来,光的多次反射使光强减弱形成纵深感,这样就会有许多个光点由近及远地排开。光点的颜色和运动受到电路的控制,于是就能看到颜色不断变化的、转动的、无穷深处的光点。

图 3.24　窥视无穷镜

实验 3.27　梦幻点阵

【演示现象】

将旋转字幕球装置(图 3.25)放在水平桌面上,将旋转字幕球装置的电源开关打开,起动电机,则可在球面上观察到稳定的字幕图像。

图 3.25　旋转字幕球

【现象分析】

梦幻点阵也是旋转字幕球。旋转字幕球的原理是基于帧扫描和人类视觉的暂留现象。仪器基座与有机玻璃形罩固定在一起,并且从外界通过透明的球形罩可以看到内部,沿球形罩的轴向在基座上装有一个高速直流电机,电机的转子可绕竖直轴作高速、稳定转动。在转子上固定有控制电路和一个发光二极管阵列。人类视觉暂留现象说明,当外界引起视觉的图像消失一段时间后,人脑中的反映图像将保留一段时间后才消失。本实验中,电机的转速为 50r/s,图像变换的周期比人类视觉的暂留时间快得多,故我们能够从扫描的球带中看到稳定的静态画面或变化的动态画面。人类视觉的反应时间,即图像出现到人脑中显现图像的时间,要比人类视觉的暂留时间短得多。由于人类视觉的这些特点,重复播映的多帧图画,在人的头脑中就可显现为稳定的画面。每幅画面的形成是靠发光二极管阵列扫描来实现的,画面纵向的变化是靠单片机控制阵列中的各个发光二极管点亮和熄灭,横向变化是靠电机带动阵列的高速扫过来实现的。

实验 3.28　透射光栅变换画

【演示现象】

对着如图 3.26 所示的画看,左右眼移动位置,可以体会到立体效果。

图 3.26 透射光栅变换画

【现象分析】

如图 3.27 所示，将两幅画分别按 AB 两面组合合并在一平面（感光胶片或相纸）上，利用光栅分像原理，可以把它们各自发出的光沿不同方向射出，在不同方向观看可以清晰地看到其中的一幅。此画的关键是在画面上覆盖分光光栅。在没有覆盖光栅之前，两幅画能同时看到，互相干扰，模糊不清；但是覆盖上分光栅板后，调整好光栅板的方位，消除了莫尔条纹，这时从某一角度只能看到一幅画，而从另一角度只能看到另一幅画，这就是所谓的变换画。

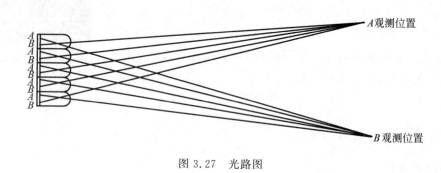

图 3.27 光路图

实验 3.29 反射光栅立体画

【演示现象】

站在一幅反射光栅立体画前仔细观察，可以看到不同层次、立体的风景图画。

【现象分析】

立体照片的本质是柱镜的分光和人脑的合成。人眼观看物体之所以有立体感，是因为人有两只眼分别从不同的角度看到物体的一个侧面，这两个像经人脑合成就成为物体的立体像。这个像面是两个照相机所照的像的重叠，为使两像分别映入人的左右眼，像面上覆以一层由柱镜条状透明带组成的膜，两像经膜上柱镜分光向左右偏射，使看照片的人左眼看到左像，右眼看到右像，经人脑合成为立体印象。

光栅是制作立体图像时所用的一种光学材料。通俗地讲，若干个形状大小一样、光学性能一致的透镜在一平面上按垂直方向顺序排列，就形成光栅条，若干光栅条按水平方向依次排列，就形成光栅板，通常称为光栅。立体图像就是利用光栅材料的特性，将不同视角的同一拍摄对象的若干幅图像或同一视角的若干幅不同的图像的画面细节按一定顺序错位排列显示在一幅图像画面上，通过光栅的隔离和透射或反射，将不同角度的图像细节映射在人们的双眼，形成立体或变换的效果。从光学表现特征来讲，光栅分为以下 2 类：

① 狭缝光栅，即通过透射光将图像的立体效果显示在人们的眼前。

② 柱镜光栅，即通过反射光将图像的立体效果显示在人们的眼前。

利用柱镜光栅制成的图画即为反射光栅立体画。

实验 3.30 互补色图像

【演示现象】

观察者戴上一片是红色镜片,另一片是蓝色镜片的眼镜观察如图 3.28 所示的图像,可观察到立体效果。

图 3.28 互补色图像

【现象分析】

我们观察万物之所以呈现立体状态是由于人的双眼视察效应——即物光进入双眼在视网膜成像。由于双眼相距一定距离,在两眼中所形成的两幅图像是基本相同但又稍有差异而存在视差,经大脑综合后就形成一幅立体图像。人的大脑在综合两眼的图像信息时,其中一个很重要的因素,就是物点光线的入射方向。人眼可根据各物点发射到人眼光线的方向,判定该物点的方向及远近。为了观察到有立体感的图像,就需要做到:左眼只看到右画面,右眼只看到左画面。

红蓝眼镜是利用色彩三原色的红蓝(绿)三色光,透过红蓝(绿)镜片的滤光作用,让红色镜片滤掉蓝(绿)色光,蓝(绿)色镜片滤掉红色光,迫使左右眼能观看各自的色光影像。利用立体影响的制作原理,再制作出使用红蓝眼镜观赏的立体图像。

实验 3.31 地球仪的常温磁悬浮

【演示现象】

接通电源,双手持地球仪,使北极点自上而下慢慢接近上磁极,在一定高度处突然觉得手持力消失,立即放手即可将地球仪悬浮在空中,如图 3.29 所示。

【现象分析】

本实验是利用磁体间的相互作用实现常温磁悬浮的。但通常磁体距离越近作用力越大,故由静磁场对磁体的作用而形成的磁悬浮通常是不稳定的。这里是在上磁极上安装有一个带有负反馈功能的电磁线圈,使得一定高度处有一个势能最低点,地球仪的常温磁悬浮就是令它处于此点。

图 3.29 地球仪的常温磁悬浮

实验 3.32 激光琴

【演示现象】

打开激光琴(图 3.30)的电源开关,用手弹奏激光,就可以听到优美动听的音乐。

【现象分析】

激光琴是一种没有琴弦的琴,代替琴弦的是一束束激光光束。当你用手去遮挡光束时,激光琴会发出相应音符的声音,如弹奏不同琴键而发出不同音符的声音一样,十分有趣,引人入胜。

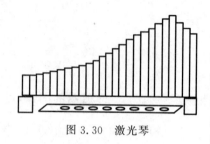

图 3.30　激光琴

在自然界,有些物质一经光照射,其内部的原子就会释放出电子,使物体的导电性增加。原来电阻很大的材料,在光照下,电阻就会变得很小,这种现象叫作光电效应。用这种材料可以制成光敏元件,对电路进行光控。利用光学控制原理制作的激光琴,使得演奏者无需用手接触琴身就可演奏。演奏者用手遮住一束光,无弦琴就会发出声音,相当于拨动一根琴弦。经过不停地对光控制,可以"演奏"出不同的音阶和乐曲,同时可以按琴柱上的音乐选择按钮,改变无弦激光琴的音色。

实验 3.33　无皮鼓

【演示现象】

用手在无皮鼓(图 3.31)上作敲鼓状,即可听到不同的声音。

【现象分析】

无皮鼓是利用红外传感器的原理,用电子电路模拟鼓声,利用红外发射与接收进行控制的器件。原来在每个无皮鼓中都装有一组激光发射器和光敏接收器组成的光电控制器。当用手或脚作敲鼓状遮挡住光束时,接收器接收不到光信号,光电开关就会驱动相应的录有鼓声的语音集成电路,发出鼓声。

图 3.31　无皮鼓

实验 3.34　投币不见

【演示现象】

将金币投入如图 3.32 所示的演示箱内,发现投入的金币魔术般地不见了。

【现象分析】

投币不见演示箱用于演示光反射成像原理。该演示内部装有一块 45°平面镜,由于光的反射,人看上去好像是一个方形空间。当把一个金币从上面缝口投入时,金币实际是在平面镜的后面,而从前面观察,投入的金币却魔术般地不见了。该仪器可用于制作魔术道具进行表演。

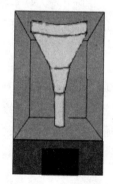

图 3.32　投币不见演示箱

实验 3.35　与自己握手

【演示现象】

站在抛物镜前伸出右手在它的 2 倍焦距附近,可看到等大倒立的右手像,且右手与它的像相握,如图 3.33 所示。

【现象分析】

这个现象利用的是抛物镜成像原理,即物体在抛物镜的 2 倍焦距处成等大倒立的虚像。

实验 3.36 悬空的人

图 3.33 与自己握手

【演示现象】

放置两面大的平面镜,并使它们相互垂直。一个人一只脚站在一平面镜后,身子紧贴平面镜边缘,在镜前抬起另一只脚。观察者选好适当位置可以观察到镜中的人是悬浮着的。

【现象分析】

这个现象利用的是平面镜成像原理,可用于制作魔术道具进行表演。

附录 A

摆线等时性的证明

如图 A.1 所示的曲线是旋轮线 L 的一拱,其参数方程为 $\begin{cases} x=r(\theta-\sin\theta), \\ y=r(1-\cos\theta), \end{cases} 0\leqslant\theta\leqslant 2\pi$。
在 L 上任一点 P 放置一个小球,小球不在 L 的最底部 Q 处。这时小球受到重力的作用向底部滑动(不计摩擦力)。证明:无论小球放置的初始位置 P 在何处,它滑到底部 Q 的时间都是相等的。

证明 先看一般情况。设任一条向下倾斜的光滑曲线 $l:y=y(x)$,它的一个端点在原点,另一个端点为 Q(见图 A.2)。小球的初始位置在 $P(x_0,y_0)$,它沿 l 向 $Q(\bar{x},\bar{y})$ 滑动,并有 $y_0=y(x_0)$,$\bar{y}=y(\bar{x})$。

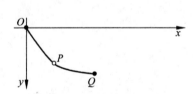

图 A.1 旋轮线的一拱

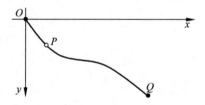

图 A.2 光滑曲线 $y=y(x)$

设从原点量起的弧长为 s,则

$$ds=\sqrt{1+(y')^2}dx$$

$$v=\frac{ds}{dt}=\frac{\sqrt{1+(y')^2}}{dt}dx$$

$$dt=\frac{\sqrt{1+(y')^2}}{v}dx$$

因此从 P 到 Q 所需的时间为

$$T=\int_{x_0}^{\bar{x}}\frac{\sqrt{1+(y')^2}}{v}dx$$

设小球的质量为 m,重力加速度为 g,由能量守恒定律可知,小球运动到任一点 (x,y)

处获得的动能等于小球势能的改变量，则

$$\frac{mv^2}{2} = mgy(x) - mgy(x_0) = mg(y - y_0)$$

$$v = \sqrt{2g(y - y_0)}$$

$$T = \frac{1}{\sqrt{2g}} \int_{x_0}^{\bar{x}} \sqrt{\frac{1+(y')^2}{y - y_0}} \, dx$$

如果 l 是图 A.1 中的摆线 L，则参数 $\theta = \pi$ 的对应点是 Q，并设初始位置点 P 对应参数 $\theta = \lambda$，$0 \leqslant \lambda < \pi$。

对参数方程中的变量进行代换，注意 $y' = \dfrac{\sin\theta}{1 - \cos\theta}$，则

$$T(\lambda) = \frac{1}{\sqrt{2g}} \int_\lambda^\pi \sqrt{\frac{1 + \dfrac{\sin^2\theta}{(1-\cos\theta)^2}}{r(1-\cos\theta) - r(1-\cos\lambda)}} \cdot r(1-\cos\theta)\,d\theta$$

$$= \frac{\sqrt{r}}{\sqrt{2g}} \int_\lambda^\pi \sqrt{\frac{2 - 2\cos\theta}{(1-\cos\theta)-(1-\cos\lambda)}}\,d\theta$$

$$= \frac{\sqrt{r}}{\sqrt{g}} \int_\lambda^\pi \sqrt{\frac{\sin^2\dfrac{\theta}{2}}{\sin^2\dfrac{\theta}{2} - \sin^2\dfrac{\lambda}{2}}}\,d\theta = \sqrt{\frac{r}{g}} \int_\lambda^\pi \frac{\sin\dfrac{\theta}{2}}{\sqrt{\cos^2\dfrac{\lambda}{2} - \cos^2\dfrac{\theta}{2}}}\,d\theta$$

$$= -2\sqrt{\frac{r}{g}} \int_\lambda^\pi \frac{1}{\sqrt{\cos^2\dfrac{\lambda}{2} - \cos^2\dfrac{\theta}{2}}}\,d\left(\cos\frac{\theta}{2}\right) = -2\sqrt{\frac{r}{g}} \arcsin\frac{\cos\dfrac{\theta}{2}}{\cos\dfrac{\lambda}{2}}\bigg|_\lambda^\pi$$

$$= 0 + 2\sqrt{\frac{r}{g}} \arcsin 1 = \pi\sqrt{\frac{r}{g}}$$

由于 λ 可以在区间 $[0, \pi)$ 上任意取值，这表明无论初始位置 P 在何处，小球滑到最底部所需时间都是 $\pi\sqrt{\dfrac{r}{g}}$。

附录 B

滚摆的能量关系

滚摆是由金属摆轴与圆盘式摆轮组合而成的复合刚体,并用两条摆线悬挂在演示支架上,其受力如图 B.1 所示。为了计算与证明上的方便,设摆轴的质量为 m,摆轮质量为 M,摆轴的半径为 r,摆轮半径为 R,绳子的拉力为 T,质心加速度为 a_c,角加速度为 α。要证明滚摆运动过程中机械能的转化与守恒,首先需要计算出滚摆在运动过程中任意位置的质心加速度和角加速度。

① 滚摆在运动过程中质心加速度(设滚摆向下运动)满足

$$(M+m)g - 2T = (M+m)a_c \tag{B.1}$$

② 滚摆在运动过程中的角加速度满足

$$2Tr = J\alpha \tag{B.2}$$

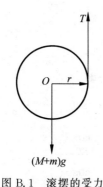

图 B.1 滚摆的受力

其中,滚摆转动惯量 J 可以看成摆轴与摆轮的结合,摆轴可看作实心圆柱体,摆轮可视为圆盘,所以滚摆转动惯量为

$$J = \frac{1}{2}MR^2 + \frac{1}{2}mr^2 \tag{B.3}$$

③ 质心加速度与角加速度之间的关系为

$$a_c = r\alpha \tag{B.4}$$

由式(B.1)、式(B.2)、式(B.3)、式(B.4)可得

$$\alpha = \frac{(M+m)gr}{Mr^2 + \frac{1}{2}MR^2 + \frac{3}{2}mr^2}$$

$$a_c = \frac{(M+m)gr^2}{Mr^2 + \frac{1}{2}MR^2 + \frac{3}{2}mr^2}$$

当滚摆从静止开始下落高度 h 时,滚摆具有的势能为

$$E_p = (M+m)gh = (M+m)g \cdot \frac{1}{2}a_c t^2 = \frac{1}{2}(M+m)gt^2 \cdot \frac{(M+m)gr^2}{Mr^2 + \frac{1}{2}MR^2 + \frac{3}{2}mr^2}$$

$$= \frac{1}{2} \frac{(M+m)^2 g^2 r^2 t^2}{Mr^2 + \frac{1}{2}MR^2 + \frac{3}{2}mr^2} = \frac{1}{4} \frac{(M+m)^2}{2Mr^2 + MR^2 + 3mr^2} g^2 r^2 t^2$$

滚摆所具有的动能为

$$E_k = \frac{1}{2}(M+m)v_c^2 + \frac{1}{2}J\omega^2 = \frac{1}{2}(M+m) \cdot a_c^2 t^2 + \frac{1}{2}\left(\frac{1}{2}MR^2 + \frac{1}{2}mr^2\right)\alpha^2 t^2$$

$$= \frac{1}{2}(M+m) \cdot \left[\frac{(M+m)gr^2}{Mr^2 + \frac{1}{2}MR^2 + \frac{3}{2}mr^2}\right]^2 t^2 +$$

$$\quad \frac{1}{4}(MR^2 + mr^2)\left[\frac{(M+m)gr}{Mr^2 + \frac{1}{2}MR^2 + \frac{3}{2}mr^2}\right]^2 t^2$$

$$= \frac{1}{4}\left[(2M+2m) + \frac{MR^2 + mr^2}{r^2}\right] \cdot \left[\frac{(M+m)gr^2}{Mr^2 + \frac{1}{2}MR^2 + \frac{3}{2}mr^2}\right]^2 t^2$$

$$= \frac{1}{4}\left[\frac{2Mr^2 + MR^2 + 3mr^2}{r^2}\right] \cdot \left[\frac{(M+m)gr}{2Mr^2 + MR^2 + 3mr^2}\right]^2 t^2$$

$$= \frac{1}{4} \frac{(M+m)^2}{2Mr^2 + MR^2 + 3mr^2} g^2 r^2 t^2$$

由以上推导可以看出，当滚摆下落高度 h 时，$E_p = E_k$，说明重力势能完全转化为质心的平动动能与绕质心的转动动能，总机械能守恒。